LEONBERGER

von Elke Bäumerich

LEONBERGER

Impressum

Gestaltung: Ravenstein + Partner, Verden
Satz: g64 medienwelten GmbH
Lektorat: Maren Müller

Coverfoto: Neddens-Tierfoto
Fotos im Innenteil: Neddens-Tierfoto, Stadtarchiv Leonberg

Druck: Westermann Druck, Zwickau

Deutsche Nationalbibliothek – CIP-Einheitsaufnahme
Die Deutsche Nationalbibliothek verzeichnet diese Publikation in der Deutschen Nationalbibliografie; detaillierte bibliografische Daten sind im Internet über http://dnb.ddb.de abrufbar.

Printed in Germany

ISBN: 978-3-8404-2805-0

INHALT

Die Geschichte des Leonbergers

Dank zahlreicher historischer Dokumente und Aufzeichnungen ist die Entstehungsgeschichte des Leonbergers sehr gut dokumentiert. Sie nimmt ihren Anfang in der ersten Hälfte des 19. Jahrhunderts.

Zu dieser Zeit waren nur sehr wenige Hunderassen offiziell anerkannt, und detaillierte Rassebeschreibungen, sogenannte Rassestandards, waren unüblich. Man unterschied die Hunde weniger nach ihrem äußeren Erscheinungsbild, sondern vielmehr nach dem Verwendungszweck. So kannte man zum Beispiel Jagdhunde, Treibhunde, Metzgerhunde und sogenannte Alpenhunde, zu denen beispielsweise der Bernhardiner zählte.

Doch allmählich stieg die Nachfrage nach Rassehunden mit einheitlichen Merkmalen, denn sie galten als Prestigeobjekte und Statussymbole. Damit wurde die Zucht solcher Hunde finanziell immer interessanter.

Heinrich Essig mit einem seiner Hunde. (Bild: Stadtarchiv Leonberg)

Der Tiergroßhändler von Leonberg

Warum Heinrich Essig die Zucht einer eigenen Rasse in Angriff nahm, ist bis heute nicht abschließend geklärt. Es wird berichtet, dass er als Stadtrat von Leonberg einen Hund züchten wollte, der in seiner Erscheinung dem Wappentier der Stadt, dem Löwen, ähnelte. Andere vermuten, dass sich Heinrich Essig von der Zucht hohe Gewinne versprach, weil er als sehr cleverer Geschäftsmann erkannt hatte, dass große langhaarige Hunde in Mode waren – Bernhardiner und Neufundländer waren damals bereits als eigenständige Rassen bekannt und wurden teuer gehandelt. Aus welchem Grund auch immer, Herr Essig hatte sein Zuchtziel vor Augen: einen sehr großen, langhaarigen Hund mit einheitlich heller Fellfarbe, dunkler Maske und ausgeglichenem, freundlichem Wesen.

Der erste Schritt auf dem Weg zu diesem noch weit entfernten Ziel war nun die Verpaarung einer schwarz-weißen Neufundländerhündin mit einem großen Bernhardinerrüden. Die daraus entstandenen Nachkommen wiesen zwar die gewünschte Größe und Felllänge auf, waren jedoch noch recht bunt, überwiegend schwarz-weiß gefleckt. In der Folge kreuzte Heinrich Essig neben hellen Bernhardinern auch Pyrenäenberghunde ein. Sie hatten ebenfalls die gewünschte Größe, waren jedoch überwiegend weiß, was dazu führte, dass mehrheitlich weiße Welpen geboren wurden. Mit

Leonbergerrüde Marco aus der Zucht von Heinrich Essig. (Bild: Stadtarchiv Leonberg)

dem heutigen Leonberger hatten sie noch recht wenig gemeinsam. Erst im Lauf vieler weiterer Jahre und Generationen entwickelte sich durch züchterische Selektion die gewünschte löwengelbe und rotbraune Fellfarbe.

Auf- und Abstieg des Leonbergers

Als Ursprungsjahr des Leonbergers gilt das Jahr 1846, und damit ist Leonberg die älteste urkundlich belegte Hundezuchtstätte Deutschlands. Selbstverständlich sorgte der geschäftstüchtige Heinrich Essig dafür, dass „sein" Leonberger als großer, löwenähnlicher Wach- und Begleithund sehr schnell populär wurde. Er nutzte seinen Bekanntheitsgrad als Stadtrat, und so hielten seine Hunde bei vielen Berühmtheiten der damaligen Zeit Einzug: Leonberger fanden unter anderem bei Richard Wagner, Otto von Bismarck, Großherzog Friedrich von Baden und Kaiserin Elisabeth von Österreich ein Zuhause. Bereits im Jahr 1873 wurde die stolze Zahl von 374 Hunden exportiert. Insgesamt soll Heinrich Essig über 3000 Leonberger in die ganze Welt versendet haben. Berichten zufolge lebten Leonberger sogar am Hof Kaiser Napoleons III. in Frankreich, König Umbertos in Italien und des Prinzen von Wales in England. Sicher waren es nicht ausschließlich Königs- und Fürstenhäuser, die einen dieser Hunde erwarben, doch ebenso wenig wa-

ren es arme Leute, denn der Preis betrug damals schon stolze 1000 Gulden und mehr.

Die Menschen schätzten den Hund aus Leonberg nicht nur wegen seiner beeindruckenden Erscheinung, sondern auch sein ausgeglichenes, sanftes Wesen sorgte für seine große Beliebtheit. Über das Repräsentieren hinaus hatte der Leonberger aber keine weiteren Aufgaben, also gab es hinsichtlich seiner Verwendung auch kein damals anerkanntes Zuchtziel. Zudem war das Aussehen dieser Hunde, abgesehen von ihrer Größe, noch relativ uneinheitlich. Eine offizielle Anerkennung als Rasse blieb daher aus, und ab dem Jahr 1876 war es sogar verboten, Leonberger unter dieser Rassebezeichnung auf Hundeausstellungen zu präsentieren. Sie wurden den Rassen zugeordnet, mit denen sie die größte Ähnlichkeit hatten, bestenfalls den Berghunden oder Alpenhunden.

Trotz der fehlenden offiziellen Anerkennung entschloss sich bereits 1865 auch Carl Burger, der Besitzer der zweiten großen Hundezüchterei in Leonberg, ähnliche Hunde zu züchten. Schien der Vertriebserfolg doch nahezu garantiert. Herrn Essig ging es darum, wie er 1877/1878 an einen anderen Hundehändler schrieb, dass er die größte Rasse langhaariger Hunde züchtete, die außerdem noch Schönheit und Klugheit in sich vereinigte. Und dies war ihm gelungen!

Heinrich Essig verstarb am 11. Oktober 1889, und mit seinem Tod geriet der Leonberger zusehends in Vergessenheit.

Die Rettung der Rasse

Es war im Jahr 1895, als sich eine Gruppe von Liebhabern des Leonbergers zusammenschloss, um die Rasse zu retten. Unter dem Vorsitz von Albert Kull wurde in Stuttgart der „Internationale Club für Leonberger Hunde“ gegründet. Kull legte auch endlich einen Rassestandard fest. Nur sechs Jahre später (1901) folgte der „Nationale Leonberger Club“, dessen Vorsitz Karl Meyer übernahm. Sein Rüde namens Barry Germaniae wurde unter der Nummer eins im Nationalen Leonberger Stammbuch eingetragen.

Es folgten die Wirren zweier Weltkriege und somit herbe Rückschläge in der Leonbergerzucht. Die Menschen erfuhren in dieser Zeit großes Leid durch Hunger und Tod, und es ist leicht nachvollziehbar, dass es damals nahezu unmöglich war, solche Riesenhunde durchzufüttern. Dennoch gab es einige wenige Menschen, denen dies gelang. Sowohl in den Zwanzigerjahren nach dem Ersten Weltkrieg als auch Ende 1940 nach dem Zweiten Weltkrieg bemühte man sich also, die überlebenden Leonberger zum Wiederaufbau der Zucht zusammenzusuchen. Im ersten europäischen Leonbergerzuchtbuch beginnen die Aufzeichnungen im Jahr 1945 – gerade mal 22 Hunde wurden in diesem Jahr eingetragen.

Am 10. Juni 1948 wurde der „Deutsche Club für Leonberger Hunde“ (DCLH) gegründet. Doch sollte es noch bis zum 17. Februar 1955 dauern, bis der Leonberger unter der Nummer 145 seine

Einen stattlichen, schönen Hund wollte Heinrich Essig züchten – das ist ihm gelungen!

offizielle Anerkennung von der Fédération Cynologique Internationale (FCI) erhielt. Bis heute ist der DCLH, der auch das Zuchtbuch führt, der einzige vom Verband für das Deutsche Hundewesen (VDH) und der FCI anerkannte deutsche Leonbergerklub.

Selbstverständlich gibt es auch in vielen anderen Ländern Liebhaber des Leonbergers, die diese Rasse züchten und eigene Vereine gründeten. So lag es nahe, dass Robert Beutelspacher als damaliger erster Vorsitzender des DCLH 1975 die „Internationale Union für Leonberger Hunde" ins Leben rief, der nach und nach Vereine aus zahlreichen Ländern beitraten. Sie alle erklärten sich bereit, die strengen Voraussetzungen zum Wohl der Rasse zu erfüllen. Mittlerweile sind es 20 Leonbergerzuchtvereine aus aller Welt, deren Vertreter sich regelmäßig treffen. Ihr Ziel ist es, gemeinsam den Fortbestand dieser wunderbaren Hunde zu sichern und sich ständig um Verbesserungen der Gesundheit des Leonbergers zu bemühen. Projekte zur Erforschung von Erbkrankheiten bei Leonbergern werden finanziell unterstützt. Die erlangten Erkenntnisse dienen der Gesundheit der Leonberger, und sicher werden auch viele andere Hunderassen davon profitieren.

Der Leonberger heute

Seine Beliebtheit verdankt der Leonberger nicht allein seiner imposanten äußeren Erscheinung. Auch durch sein angenehmes, freundliches und ruhiges Wesen nimmt er viele Menschen für sich ein.

Seiner Größe wegen wird der Leonberger sicher nie ein Modehund werden – was kein Nachteil ist, hat das In-Sein den betreffenden Rassen doch in der Regel eher geschadet. Mit 500 bis 700 jährlich im VDH geborenen Welpen ist der Leo zwar keinesfalls eine Rarität, aber allzu häufig wird man ihm auf den Straßen wohl auch weiterhin nicht begegnen.

Der FCI-Rassestandard

Wer auf einer Hundeausstellung einmal länger am Ring der Leonberger verweilt, dem wird eines sofort auffallen: Hier herrscht ganz im Gegensatz zum oft sehr nervend lauten Gebell an den Ringen mancher anderer Rassen wohltuende Ruhe.

Wer nun etwas genauer hinsieht, wird sicher auch einige Unterschiede zwischen den vorgestellten Leos erkennen, wobei besonders die verschiedenen Farbvarianten ins Auge fallen.

Die erwünschten äußerlichen und charakterlichen Merkmale sind im gültigen FCI-Rassestandard genau festgelegt. Diesem Idealbild sollten die vorgestellten Hunde weitestgehend entsprechen. Unterschiedliche Fellfarben im Rahmen der im Standard beschriebenen Farbvarianten sind ausdrücklich erlaubt, sodass im Ausstellungsring zwar typische, aber dennoch keine uniformen Leos zu sehen sein werden.

Die Farbpalette reicht bei Leos von dunklem Rotbraun (hier mit vielen schwarzen Spitzen) …

… bis zu einer hellen Sandfarbe. Die schwarze Maske im Gesicht kann unterschiedlich stark ausgeprägt sein.

Rassestandard

FCI-Standard Nr. 145/20.09.2002 Leonberger

Ursprung:
Deutschland

Datum der Publikation des Original-Standards:
04.01.1996

Verwendung:
Wach-, Begleit- und Familienhund

Klassifikation FCI:
Gruppe 2: Pinscher und Schnauzer, Molossoide, Schweizer Sennenhunde
Sektion 2.2: Molossoide, Berghunde
Ohne Arbeitsprüfung

Allgemeines Erscheinungsbild:
Dem ursprünglichen Verwendungszweck entsprechend ist der Leonberger ein sehr großer, kräftiger, muskulöser und doch eleganter Hund. Ihn zeichnen harmonischer Körperbau und selbstbewusste Ruhe bei durchaus lebhaftem Temperament aus. Besonders der Rüde ist mächtig und kraftvoll.

Proportionen:
Widerristhöhe zur Rumpflänge 9 : 10.
Die Brusttiefe beträgt annähernd 50 Prozent der Widerristhöhe.

Verhalten/Charakter (Wesen):
Als Familienhund ist der Leonberger unter den heutigen Wohn- und Lebensbedingungen ein angenehmer Partner, der ohne Schwierigkeiten überallhin mitgenommen werden kann und der sich durch ausgesprochene Kinderfreundlichkeit auszeichnet. Er ist weder scheu noch aggressiv. Als Begleithund ist er ein angenehmer, folgsamer und furchtloser Begleiter in allen Lebenssituationen.

Zur geforderten Wesensfestigkeit gehören insbesondere:

- Selbstsicherheit und souveräne Gelassenheit
- mittleres Temperament (u. a. auch Spieltrieb)
- Unterordnungsbereitschaft
- gute Lern- und Merkfähigkeit
- Lärmunempfindlichkeit

Kopf:
Er ist im Ganzen tiefer als breit und eher lang gestreckt als gedrungen; Verhältnis Fang zu Oberkopf etwa 1 : 1. Die Haut liegt überall an, keine Stirnfalten.

Oberkopf:
Schädel: Im Profil und von vorn gesehen wenig gewölbt, dem Rumpf und den Gliedmaßen entsprechend kräftig, aber nicht schwer. Der hintere Teil ist nicht wesentlich breiter als der bei den Augen.
Stop: Klar erkennbar, aber mäßig ausgeprägt.

Gesichtsschädel:
Nasenschwamm: Schwarz.
Fang: Eher lang, nie spitz zulaufend; Nasenrücken gleichmäßig breit, nie eingesenkt, eher leicht gewölbt (ramsnasig).
Lefzen: Anliegend, schwarz, Lefzenwinkel geschlossen.
Kiefer/Zähne: Kräftige Kiefer mit einem perfekten, regelmäßigen und vollständigen Scherengebiss, wobei die obere Zahnreihe ohne Zwischenraum über die untere greift und die Zähne senkrecht im Kiefer stehen, mit 42 gesunden Zähnen gemäß der Zahnformel (das Fehlen der M3 wird toleriert); Zangengebiss ist zulässig; im Unterkiefer keine Einschnürung bei den Eckzähnen.
Backen: Nur wenig entwickelt.
Augen: Hellbraun bis möglichst dunkelbraun, mittelgroß, oval, weder tief liegend noch hervortretend, weder zu eng noch zu weit auseinanderstehend; Augenlider anliegend, keine Bindehaut zeigend; das Weiße des Auges (sichtbarer Teil der Lederhaut) nicht gerötet.
Ohren: Hoch und nicht weit hinten angesetzt, hängend, mittelgroß, anliegend, fleischig.

Körper:
Widerrist: Ausgeprägt, besonders beim Rüden.
Rücken: Stramm, gerade, breit.

Lende: Breit, kräftig, gut bemuskelt.
Brust: Breit, tief, mindestens bis auf Ellenbogenhöhe reichend, nicht zu tonnenförmig, eher oval.
Untere Profillinie und Bauch: Nur leicht aufgezogen.

Rute: Sehr reich behaart, im Stand gerade hängend, auch in der Bewegung nur leicht aufgebogen und möglichst nicht über die Verlängerung der Rückenlinie hinausgehend getragen.

Gliedmaßen:

Sehr kräftig, insbesondere beim Rüden.

Vorderhand:

Vorderläufe gerade, parallel und nicht eng gestellt.
Schulter/Oberarm: Lang, schräg gelagert, miteinander einen nicht zu stumpfen Winkel bildend, gut bemuskelt.
Ellenbogen: Anliegend.
Vordermittelfuß: Kräftig, fest, von vorn gesehen gerade; von der Seite betrachtet nahezu senkrecht stehend.
Hinterpfoten: Gerade gestellt (weder ein- noch auswärtsgedreht), rundlich, geschlossen; Zehen gut gewölbt; schwarze Ballen.

Hinterhand:

Stellung der Hinterläufe von hinten gesehen nicht zu eng, parallel; Sprunggelenke und Pfoten weder ein- noch auswärtsgerichtet.
Becken: Schräg liegend.
Oberschenkel: Ziemlich lang, schräg gelagert, stark bemuskelt. Ober- und Unterschenkel bilden einen deutlichen Winkel.
Sprunggelenk: Kräftig, deutlicher Winkel zwischen Unterschenkel und Hintermittelfuß.
Hinterpfoten: Gerade stehend, nur wenig länglich; Zehen gewölbt; Ballen schwarz.

Gangwerk:

Raumgreifender, gleichmäßiger Bewegungsablauf in allen Gangarten; ausgreifender Vortritt und guter Schub; in Schritt und Trab, von vorn und hinten betrachtet, geradlinige Gliedmaßenführung.

Haarkleid:

Haar: Mittelweich bis derb, reichlich lang, anliegend, nie gescheitelt; überall trotz guter Unterwolle noch die Formen des Gebäudes erkennen lassend; schlicht, leicht gewellt noch gestattet; an Hals und Brust – besonders beim Rüden – eine Mähne bildend; deutliche Befederung der Vorder-, ausgeprägte Hosen an den Hinterläufen.
Farbe: Löwengelb, Rot, Rotbraun, auch noch Sandfarben (Fahlgelb, Cremefarbig) und alle Kombinationen zwischen ihnen, jeweils mit schwarzer Maske; schwarze Haarspitzen sind zulässig, Schwarz darf jedoch nicht die Grundfarbe des Hundes bestimmen. Aufhellungen der Grundfarbe an der Unterseite der Rute, an der Halskrause, der Befederung der Vorder- und den Hosen der Hinterläufe dürfen nicht so ausgeprägt sein, dass sie die Harmonie mit der Hauptfarbe stören. Ein kleiner weißer Brustfleck oder schmaler Bruststrich und weiße Haare an den Zehen werden toleriert.

Größe:

Widerristhöhe: Rüden: 72 bis 80 cm, empfohlenes Mittelmaß 76 cm.
Hündinnen: 65 bis 75 cm, empfohlenes Mittelmaß 70 cm.

Fehler:

Jede Abweichung von den vorgenannten Punkten muss als Fehler angesehen werden, dessen Bewertung in genauem Verhältnis zum Grad der Abweichung stehen sollte und dessen Einfluss auf die Gesundheit und das Wohlbefinden des Hundes zu beachten ist.

Hunde, die deutlich physische Abnormalitäten oder Verhaltensstörungen aufweisen, müssen disqualifiziert werden.

N. B.:

Rüden müssen zwei offensichtlich normal entwickelte Hoden aufweisen, die sich vollständig im Hodensack befinden.

So sind Leos: freundlich, souverän, gelassen

Familienfreundlichkeit, Souveränität, Gelassenheit und Selbstsicherheit sind seit vielen Jahrzehnten wichtige Zuchtziele im DCLH, und so lässt das Wesen dieser Hunde so manchen Leobesitzer ins Schwärmen geraten.

Leonberger sind ideale Begleithunde. Sie sind äußerst anpassungsfähig und fügen sich in nahezu jede Wohn- und Lebenssituation ein – wer in einem Appartement in der 13. Etage eines Hochhauses wohnt, sollte sich allerdings doch lieber nach einer kleineren Rasse umsehen.

Dank ihrer Freundlichkeit und Gelassenheit können Leonberger fast überallhin mitgenommen werden. Sicher bilden laute Rockkonzerte hier eine Ausnahme, aber grundsätzlich will ein Leo immer dabei sein – und das sollte er auch dürfen, denn in der Nähe seiner Menschen fühlt er sich am wohlsten. Es ist übrigens erstaunlich, wie „klein" sich diese Hunde machen können, wenn es darauf ankommt, etwa bei einem Restaurantbesuch. Eine verantwortungsvolle Aufzucht und Sozialisierung sowie eine liebevolle und dennoch konsequente Erziehung vorausgesetzt, wird ein Leo überall angenehm in Erinnerung bleiben. Unfreundliches oder aggressives Verhalten ist ihm

Ein entspannter Restaurantbesuch ist mit gut erzogenen Leonbergern kein Problem.

fremd. Mag der Leonberger jemanden nicht, reagiert er meist distanziert. Er wird den Betreffenden ignorieren, ja sogar regelrecht durch ihn hindurchsehen. Wenn er die Möglichkeit hat, wendet er sich ab und geht einfach weg.

Selbst Menschen, die Hunden normalerweise mit Vorsicht begegnen, fühlen sich zu Leonbergern oft hingezogen, was sicher vor allem an der Ruhe und Gelassenheit liegt, die diese Hunde ausstrahlen. Immer häufiger werden Leonberger deshalb als Besuchs- oder Therapiehunde eingesetzt.

Obwohl der Leonberger laut Rassestandard auch als Wachhund gilt, ist dieser Verwendungszweck mittlerweile etwas in den Hintergrund getreten. Wenn sich ein Fremder dem Grundstück nähert, wird dieser meist lediglich durch ein kurzes Bellen angekündigt, und manche Leos reagieren sogar überhaupt nicht. Allerdings reicht allein die imposante Erscheinung dieser Hunde in der Regel schon aus, um ungebetene „Gäste" fernzuhalten, und im Ernstfall würde so mancher Leonberger seine Menschen oder sein Territorium durchaus verteidigen.

Leonberger sind tolle Familienhunde, verfügen sie doch nicht nur über die nötige Geduld und Gelassenheit, sondern auch über eine ordentliche Portion Temperament und Spieltrieb. Wenn ich „meine" Welpen später bei ihren neuen Familien besuchte, konnte ich beobachten, wie sie begeistert mit einer Schar Kinder Fußball spielten – wobei sie über enorme Torwartqualitäten verfügten –; ich sah Leos, die sich mit Kindern im Pool oder Planschbecken amüsierten, und einen Rüden, der sogar das Skateboardfahren erlernt hatte. Ebenso erlebte ich Leonberger, die sich geduldig und mit Genuss von Kindern ihr Fell bürsten ließen. So mancher Leo durfte auch schon als „Anschauungsobjekt" mit in die Schule, wenn im Biologieunterricht die Anatomie des Hundes auf dem Lehrplan stand. Eine gute Idee – brauchen sich die Schüler doch nicht zu bücken und sehen gleich alles in XXL!

So sind Leos aber auch: temperamentvoll, bewegungsfreudig, lernbereit

Wenn der Rassestandard dem Leonberger nun ein „lebhaftes Temperament" bescheinigt, ist das ganz

Leonberger und Kinder

Grundsätzlich ist der Leonberger ein kinderfreundlicher Hund, allerdings ist es wie bei jeder Hunderasse von Vorteil, wenn schon der Welpe in der Sozialisierungsphase den Umgang mit Kindern erlernt. Ebenso muss darauf geachtet werden, dass die Kinder den richtigen Umgang mit dem Leo lernen und ihn als Lebewesen mit eigenen Bedürfnissen respektieren.

Egal, wer hier die Nase vorn hat – Spaß haben beide!

sicher nicht untertrieben. Trotz ihrer Größe und ihres Gewichts sind die meisten Leos temperamentvolle, bewegungsfreudige Hunde. 50 bis 75 Kilogramm Körpergewicht können erstaunlich schnell in Wallung kommen, wenn es einen Grund zur Freude gibt. Steht ein Spaziergang bevor, pendeln viele Leos aufgeregt, häufig bellend und immer schwanzwedelnd zwischen der Haustür und ihrem Menschen hin und her. Es ist sinnvoll, diese „Einflugschneise“ freizuhalten, denn stünde dem Leo etwas im Weg, würde es gnadenlos weggewedelt. Auch beim Spiel zeigen sich die sanften Riesen von ihrer temperamentvollen Seite. Bälle werden durchaus im Flug gefangen, und wenn annähernd gleich große Artgenossen als Spielpartner zur Verfügung stehen, wird auch mal ordentlich gerempelt und geknufft. Bei kleineren Hunden weiß der Leo seine Kraft aber zu zügeln und er spielt dann deutlich vorsichtiger. Vorausgesetzt, sie hatten von Anfang an regelmäßigen Sozialkontakt zu unterschiedlichen Hunden, können sich Leos ausgezeichnet auf ihre jeweiligen Spielpartner einstellen.

Leos brauchen Beschäftigung, und es reicht ganz bestimmt nicht aus, dem Hund ein großes Grundstück zum Austoben zur Verfügung zu stellen. Ebenso wenig ist es mit ein bis zwei täglichen monotonen Gassirunden getan. Bieten Sie Ihrem Leo Abwechslung mit Spaß und Spiel und fordern Sie ihn auch geistig. Ganz egal, ob Sie mit ihm Kurse in der Hundeschule besuchen oder ihm zu Hause etwas beibringen, Ihr Leo wird freudig mitmachen!

Leonberger sind im Gegensatz zu manchen Gebrauchshunderassen keine geborenen Leistungssportler, dennoch kann man sie durchaus als sportlich bezeichnen. Sie sind keine Schutzhunde und mit wenigen Ausnahmen für diese Form der Ausbildung auch nicht geeignet, würden sich aber im Ernstfall sicher schützend vor ihren Menschen stellen. Sie sind keine Hütehunde, jedoch haben sie ihr „Rudel" gern im Blick. Und sie sind auch keine Jagdhunde, aber sie sind nun einmal ganz normale Hunde, und es wäre daher unsinnig zu glauben, dass Leonberger keinen Jagdtrieb hätten. Der eine oder andere wird dem Reiz eines plötzlich davonhoppelnden Kaninchens oder aufspringenden Rehs nicht widerstehen können und die Verfolgung aufnehmen. Dieses Verhalten zu kontrollieren, ist wie bei jedem anderen Hund mit einigem Aufwand verbunden, aber es ist möglich. Was Leonberger ganz sicher sind, ist leicht gesagt: Sie sind hervorragende, ausgeglichene Begleithunde und ausgesprochen angenehme Familienhunde und Mitbewohner, vorausgesetzt, das tägliche Bewegungs- und Beschäftigungsangebot stimmt.

Was Leos brauchen

Könnte der Leonberger seine Wünsche an uns äußern, würde er mit Sicherheit zuerst Aufmerksamkeit nennen und natürlich die ständige Nähe zu seiner Familie. Selbstverständlich kann man auch Leos ab und zu mal für eine gewisse Zeit allein lassen. Aber ebenso selbstverständlich wünscht sich der Leonberger keine Besitzer, die in Vollzeit arbeiten und die er den ganzen Tag nicht zu Gesicht bekommt. Da nutzt auch kein permanenter Zugang zum Garten, in dem er sich jederzeit lösen kann. Wenn Sie und Ihr Partner ganztags arbeiten und während Ihrer Abwesenheit auch keine Oma, keine Kinder oder andere Bezugspersonen anwesend sind, haben Sie einfach keine Zeit für einen Hund – weder für einen Leonberger noch für eine andere Rasse. Anders sieht es aus, wenn Sie den Leo mit zur Arbeit nehmen können. Viele Leos sind „berufstätig". Diesbezüglich sind sie echte Allrounder und fügen sich dank ihrer Gelassenheit nahezu in jedes Umfeld problemlos ein.

Leonberger sind tolle Familienhunde.

Sicher hätte der Leonberger auch gern einen Garten, wobei er einen kleinen Reihenhausgarten, in dem man sich regelmäßig mit ihm beschäftigt, einem parkähnlichen Grundstück, wo er auf sich allein gestellt ist, bestimmt vorzieht. Wie bereits gesagt, ersetzt der Garten nicht den täglichen ausgedehnten Spaziergang, auf dem der Leonberger andere Hunde trifft und ausgiebig schnüffelnd die „Nachrichten" der Artgenossen lesen und selbst welche hinterlassen kann. Hundefreundliche Nachbarn vorausgesetzt, sind Leos aber durchaus auch mit einem Leben in einer ausreichend großen und möglichst ebenerdigen Wohnung im Mehrfamilienhaus zufrieden. Eine Grünanlage für den Spaziergang zwischendurch sollte sich aber schon in unmittelbarer Nähe befinden.

Auf der Wunschliste Ihres Leos steht des Weiteren eine gute, liebevolle, aber dennoch konsequente Erziehung. Er möchte wissen, woran er ist. Bei seinem Züchter wurde er in den ersten acht bis zehn Wochen bestens geprägt und sozialisiert. Mit dem Kauf des Welpen haben Sie die Verantwortung und Aufgabe übernommen, auf diesem Grundstock aufzubauen. Nur so ist auch gewährleistet, dass Ihr Leo die Eigenschaften zeigen wird, derentwegen Sie sich für diese Rasse entschieden haben.

Auch wünscht sich der Leonberger, dass seine Fellpflege nicht zu kurz kommt. Er ist nun einmal ein langhaariger Hund und muss regelmäßig gebürstet werden, damit sein Fell nicht verfilzt. Das ist mit einem gewissen Zeitaufwand verbunden, den Sie einplanen müssen.

Nicht zuletzt ist es für Ihren Leo wichtig, dass Sie sich schon vor seiner Anschaffung darüber im Klaren sind, was die Haltung eines so großen Hundes finanziell bedeutet. Es wäre schlimm für alle Beteiligten, würde sich später herausstellen, dass Sie die Kosten auf Dauer nicht tragen können und der Leo deshalb ausziehen muss.

Beginnen wir bei der Ernährung: Sie sollte grundsätzlich hochwertig sein, um zu einem gesunden Wachstum und einem langen gesunden Leben beizutragen. Dass ein Leonberger seiner Größe entsprechend deutlich mehr Futter braucht als zum Beispiel ein Teckel, ist wohl selbstverständlich. Bedenken Sie auch, dass Ihr Leo einmal krank werden könnte und dass regelmäßige Impfungen und Entwurmungen notwendig sind. Medikamente werden meistens nach Körpergewicht dosiert und sind für große Hunde manchmal deutlich teurer als für kleine. Auch Behandlungskosten können sich in bestimmten Fällen nach Gewicht und Größe des Patienten richten.

Für den Leonberger darf also alles etwas mehr und etwas größer sein. Dass Liegeplatz, Futternäpfe, Halsband und Leine in der Größe XXL ein bisschen teurer sind, fällt sicher am wenigsten ins Gewicht. Etwas aufwendiger wird womöglich die Anschaffung des geeigneten Transportmittels – Ihr Leo soll Sie ja oft begleiten. Bedenken Sie bitte rechtzeitig, dass dieser Hund zwar noch als Welpe, aber ausgewachsen ganz bestimmt nicht mehr in einen Kleinwagen passt.

Leos brauchen die Nähe zu ihren Menschen.

Wunschliste eines Leonbergers an seinen zukünftigen Halter

Ich wünsch mir erstens deine Zeit
und somit viel Gemeinsamkeit.
Will dich so oft es geht begleiten,
sei es zum Wandern oder Reiten,
ins Restaurant, wenn's möglich ist.
Ich bin gern dort, wo du auch bist.
Deshalb, auch das musst du bedenken,
ich will ja immer bei dir sein,
ein größres Fahrzeug musst du lenken,
in Kleinwagen pass' ich nicht rein.
Auch andere Hunde will ich treffen,
schließlich bin ich ein Rudeltier,
ich brauch Kontakt zu Artgenossen,
drum sorg gelegentlich dafür.
Doch kann ich all das nur erleben,
wenn du mich gut erzogen hast.
Erfreut ein braver Leo jeden,
ein unerzog'ner wird zur Last.
Wenn du mich lehrst, mich zu benehmen,
sei konsequent und hab Geduld,
denn kann ich etwas nicht verstehen,
ist es allein nur deine Schuld!
Nur eines musst du mir versprechen,
lass nie Gewalt und Jähzorn walten,
ich will dich lieben, nicht dich fürchten,
will mein Vertrauen zu dir behalten.
Dann wünsch ich mir, dass du mich pflegst,
damit mein Fell stets prächtig glänzt,
wünsch mir, dass, wenn ich einmal krank bin,
du dies auch rechtzeitig erkennst.
Ich wünsch mir, dass du dich nicht ärgerst
über so manches Hundehaar,
über den Schmutz, den ich oft reintrag,
auch wenn's grad vorher sauber war.
Ich kann nun wirklich nichts dafür,
du wolltest doch ein großes Tier!
Ach, eines hätt ich fast vergessen,
weil Liebe durch den Magen geht,
lass mich stets gutes Futter fressen,
nicht nur, was beim Discounter steht.
Und wenn ich einmal gehen muss,
auch diese Zeit wird kommen,
wünsch ich mir, dass du bei mir bist
und Schmerzen mir genommen.
Ich will nicht, dass du traurig bist
und dich gar grämst vor Leid.
Ich hatte doch ein schönes Leben,
ich hatte viel von deiner Zeit!
Ich wünsch mir, dass du vorher weißt,
was es mich zu besitzen heißt!

Die Entscheidung ist gefallen – ein Leo wird einziehen!

Die Entscheidung für einen Leonberger sollte die ganze Familie nach reiflicher Überlegung gemeinsam treffen. Schließlich wird der Einzug eines Hundes den Alltag aller im Haushalt lebenden Personen nachhaltig verändern – und wer das vorherige Kapitel aufmerksam gelesen hat, weiß, dass damit nicht nur die löwengelben oder rotbraunen Hundehaare gemeint sind, die in Zukunft jedes Kleidungsstück schmücken werden.

Sie alle haben also nicht nur über die notwendige Anschaffung einer Reihe von Fusselbürsten nachgedacht, sondern sind sich der auf Sie zukommenden Aufgaben wie Füttern, Gassigehen, Pflegen und Beschäftigen des zukünftigen vierbeinigen Mitbewohners bewusst und freuen sich darauf? Dann stellt sich ab jetzt nur noch eine Frage: Wie und wo finden Sie Ihren Leonberger?

Welpenkauf beim verantwortungsvollen Züchter

Das Unternehmen „Welpenkauf“ beginnt mit der Suche nach dem richtigen Züchter. Haben Sie das Glück, bereits einen Besitzer eines gesunden, wesensfesten Leonbergers zu kennen? Dann wird Ihnen dieser sicher gern den Züchter seines Vertrauens weiterempfehlen. Weil Leobesitzer aber nicht an jeder Ecke anzutreffen sind, bleibt vielen Welpeninteressenten nur die heute übliche Internetrecherche nach geeigneten Zuchtstätten. Sie werden erstaunt sein, wie viele es davon gibt! Aber Achtung, auf Websites, die einem Tiermarkt gleichen, und wo viele verschiedene Rassen zu Schleuderpreisen angeboten werden, sind seriöse Züchter kaum zu finden! Besser klicken Sie Homepages von mehreren Züchtern an, die sich allein der von Ihnen gewünschten Rasse verschrieben haben. Allerdings ist es auch hier oft schwierig, sich nicht allzu sehr von der Fülle an schönen Fotos und netten Beschreibungen beeindrucken zu lassen, sondern die Züchter herauszufiltern, die darüber hinaus tatsächlich mit Herz

Im Idealfall steht die Wurfkiste im Wohnbereich des Züchters, damit die Welpen von Anfang an am Familienleben teilhaben.

und Verstand Leos halten und züchten. Am besten entscheiden Sie sich daher für einige Zuchtstätten, die Sie dann persönlich besuchen, um sich vor Ort einen Eindruck zu verschaffen.

Vereinbaren Sie nun also einen Termin mit den Züchtern Ihrer Wahl, auch wenn diese derzeit gerade keine Welpen anbieten, sondern der nächste Wurf noch in Planung oder die Hündin noch tragend ist. Lernen Sie bei Ihrem Besuch den Züchter kennen, die zukünftige Mutterhündin und die anderen Hunde des Rudels. Wichtig ist, dass zwischen Züchter und Hunden offensichtlich eine gute Beziehung besteht. Beobachten Sie außerdem den Umgang der Hunde miteinander und achten Sie auf einen guten Pflege- und Ernährungszustand aller Tiere und darauf, dass Ruheplätze sowie Futter- und Wassernäpfe sauber sind. Auch der Geruch im Haus sollte angenehm sein. Selbstverständlich darf es nach Hund riechen. Das lässt sich gerade in einem Haushalt, in dem große Hunde mit viel Fell leben, nicht immer vermeiden. Aber stinken wie in einem Ziegenstall sollte es auf gar keinen Fall.

Es ist durchaus von Vorteil, wenn beim ersten Kennenlernen noch keine Welpen geboren sind. So bleibt mehr Zeit für ein ausführliches Gespräch. Mit einem Wurf Welpen im Haus geht es in den meisten Zuchtstätten hingegen recht turbulent zu.

Ein seriöser Züchter wird alle Ihre Fragen zu seinen Zuchttieren und den Welpen gern beantworten. Er wird aber auch von Ihnen einiges wissen wollen, und ganz bestimmt möchte er die weiteren Mitglieder Ihrer Familie kennenlernen. Er will sicher sein, dass ein Leonberger zu Ihnen passt und dass alle ihn willkommen heißen werden. Auf keinen Fall wird ein seriöser Züchter Sie zum Kauf eines Welpen oder gar zu einer sofortigen Vertragsunterzeichnung drängen. Er wird Ihnen und sich selbst etwas Bedenkzeit geben, damit beide die voneinander gewonnenen Eindrücke in Ruhe verarbeiten und eine wohlüberlegte Entscheidung treffen können. Schließlich geht es hier nicht um einen Gebrauchsgegenstand, sondern um ein Lebewesen, das hoffentlich viele Jahre lang Mitglied Ihrer Familie sein wird.

Wenn die kleinen Leos geboren sind, wird der Züchter Sie informieren, und schon bald dürfen Sie Mutter und Welpen besuchen. Schenken Sie Ihre Aufmerksamkeit aber nicht nur den niedlichen Welpen, sondern achten Sie auch darauf, ob die Wurfkiste ausreichend groß und sauber ist und, ganz besonders wichtig, in welchem Umfeld die jungen Leonberger aufwachsen. Dass Keller, Schuppen oder Garage absolut ungeeignete Orte für die Welpenaufzucht sind, ist wohl jedem klar. Doch die hochmoderne, gekachelte und mit Fußbodenheizung und Kamera ausgestattete Zwingeranlage ist meiner Meinung nach ebenfalls keine gute Aufzuchtstätte, leben die Hunde hier doch abseits des normalen Alltags ihrer Menschen. Im Idealfall steht die Wurfkiste im Wohnbereich des Züchters. Hier lernen die Welpen von Anfang an alle möglichen haushaltsüblichen Ge-

räusche wie Telefon, Fernseher oder Staubsauger kennen. Zudem sind neben der Mutterhündin auch jederzeit Menschen in unmittelbarer Nähe, die sich liebevoll mit den Welpen beschäftigen und sich um ihr Wohlergehen kümmern.

Ab der vierten Lebenswoche sind Seh- und Hörvermögen der Welpen vollständig entwickelt. Die Kleinen gehen nun auf Entdeckungstour und ein großzügiger, abwechslungsreich gestalteter Welpenspielplatz mit Bällebad, Tunnel, Wippe, verschiedenen Untergründen und anderen interessanten Dingen sollte selbstverständlich sein.

Eine liebevolle Aufzucht und sorgfältige Prägung und Sozialisierung der Welpen bilden eine stabile Basis, auf die Sie aufbauen können. Dass das für den Züchter mit viel Verantwortung und mit großem Arbeits- und Zeitaufwand verbunden ist, können Sie sich sicher vorstellen. Genau das muss ein Züchter aber leisten können. Ob eine optimale Aufzucht noch möglich ist, wenn der Züchter in Vollzeit arbeitet oder mehrere Würfe gleichzeitig aufzieht, ist fraglich.

Ein verantwortungsvoller Züchter wird über den Verkauf hinaus an der Weiterentwicklung „seiner“ Welpen interessiert sein und Ihnen seinen Rat bei eventuell auftretenden Fragen oder Problemen anbieten.

Warum unbedingt DCLH-Papiere?

Sie haben sich für einen Rassehund entschieden und möchten nun sicher einen möglichst typischen und vor allem gesunden Rassevertreter erwerben. Die beste Adresse sind deshalb Züchter, die dem Deutschen Club für Leonberger Hunde (DCLH) und über diesen dem VDH angeschlossen sind. Jeder von ihnen muss sich an eine dem Wohl seiner Hunde dienende Zuchtordnung halten. Die zur Zucht eingesetzten Tiere müssen bestimmte Voraussetzungen erfüllen; ihre Zuchttauglichkeit wird überprüft und die Durchführung der in der Zuchtordnung vorgeschriebenen Untersuchungen muss nachgewiesen werden. Auch die Zuchtstätte wird einer Prüfung unterzogen.

Eine vom DCLH ausgestellte Ahnentafel und damit der Eintrag ins offizielle Leonbergerzuchtbuch ist also ein wichtiges Gütesiegel.

Welcher Welpe ist der richtige?

Diese Entscheidung ist sicher eine der schwierigsten. Häufig haben Welpenkäufer den vermeintlich guten Ratschlag im Ohr: „Der Welpe, der auf dich zukommt, ist es!“ Richtig ist: Diesem ersten Welpen schenkt man verständlicherweise besondere Beachtung. Falsch ist aber, dass der Welpe sich seinen Besitzer durch dieses Verhalten „ausgesucht“ hat und deshalb der passende Hund sein muss.

Nehmen wir einmal an, bei Ihrem ersten Besuch war es der Welpe mit dem grünen Band, der freudig auf Sie zutapste. In der darauffolgenden Woche beachtet er Sie jedoch gar nicht, weil er

Ein Welpenspielplatz lädt zum Toben und zum Erkunden der Umwelt ein.

gerade in ein Spiel mit einem anderen Welpen vertieft ist, oder er verschläft Ihre Anwesenheit, müde vom Spiel mit den Geschwistern oder weil sein Bäuchlein so voll ist, dass der Verdauungsschlaf Priorität hat. Diesmal kommt also der Welpe mit dem blauen Band als Erster auf Sie zu. Eine Woche später ist wieder alles ganz anders. „Grün" und „Blau" kauen eifrig an ihrem Trockenziemer, aber der „Rote" freut sich heute wie verrückt über Ihr Erscheinen. Wollen Sie nun den ganzen Wurf kaufen?

Keine Frage, ein anderes Entscheidungskriterium muss her, denn grundsätzlich sind erst mal alle Welpen niedlich, und wären sie nicht durch verschiedenfarbige Bänder gekennzeichnet, würden Sie sie aller Wahrscheinlichkeit nach gar nicht voneinander unterscheiden können, außer diejenigen, die über ein besonders markantes Merkmal wie einen weißen Brustfleck verfügen. Von erfahreneren Hundehaltern wird häufig der Campbell-Test empfohlen. Er soll helfen, die Persönlichkeitsstruktur eines Welpen zu erkennen. Dabei wird der Welpe unter anderem auf den Rücken gedreht, um zu testen, wie er darauf reagiert – ob er sich beispielsweise heftig wehrt oder ganz ruhig liegen bleibt. Der Campbell-Test ist aller-

dings nur dann aussagekräftig, wenn derjenige, der ihn durchführt, eine gewisse Erfahrung mitbringt. Wenn das auf Sie zutrifft und Sie selbst testen wollen, sollten Sie den Züchter in jedem Fall vorher um Erlaubnis bitten. Denn, ganz ehrlich, würden Sie mich als Züchterin besuchen und einen meiner Welpen einfach so auf den Rücken werfen und anderen Tests unterziehen, wäre ich darüber wenig erfreut. Grundsätzlich ist gegen den Campbell-Test nichts einzuwenden, aber in der Regel testet der Züchter seine Welpen selbst oder lässt den Test von einer von ihm bestimmten kompetenten Person durchführen.

Am besten kann Sie also der Züchter bei der Auswahl des passenden Welpen beraten. Er verbringt die meiste Zeit mit den Kleinen und kennt jeden Einzelnen genau, wohingegen Sie bei Ihren Besuchen immer nur eine Momentaufnahme erleben. Schildern Sie daher möglichst konkret Ihr persönliches Umfeld sowie die Vorstellungen, die Sie vom Zusammenleben mit dem Leonberger haben, und vertrauen Sie auf den Rat Ihres Züchters. Geht es bei Ihnen beispielsweise häufig turbulent zu, weil Ihre Kinder lebhaft sind und zudem regelmäßig Freunde mitbringen? Dann ist der Welpe, der sich gern zurückzieht und seine Ruhe hat, für Sie sicher nicht geeignet. Ein lebhafter Leo mit ausgeprägtem Spieltrieb passt besser in Ihre Familie. Sind Sie in Ihrer Freizeit sehr aktiv, wandern Sie zum Beispiel gern, sollte auch der Welpe ein eher bewegungsfreudiger, aktiver Vertreter seiner Rasse sein. Wer es hingegen in jeder Hinsicht ruhig mag, wird mit dem temperamentvollsten Welpen des Wurfes sicher nicht glücklich werden.

Ein verantwortungsvoller Züchter wird aus den zuvor genannten Gründen frühestens in der sechsten oder sogar siebten Lebenswoche mit Ihnen besprechen, welche der Welpen in Ihre Familie passen würden und welche nicht. Denn erst dann hatte er ausreichend Gelegenheit, alle Welpen bestmöglich kennenzulernen und ihren Charakter einzuschätzen. Der Züchter möchte das ideale Zuhause für seine kleinen Leos finden, und Voraussetzung dafür ist nun mal, dass Mensch und Hund gut harmonieren. Es liegt weder in Ihrem Interesse noch in dem des Züchters, dass Sie Ihren Leo nach einem Jahr zurückgeben, weil Sie ihn sich ganz anders vorgestellt haben.

Rüde oder Hündin?

Manchen Interessenten stellt sich diese Frage gar nicht, weil sie aufgrund bisheriger Erfahrungen oder einer bestimmten Vorliebe ein Geschlecht von vornherein bevorzugen. Alle, die sich noch nicht sicher sind, finden hier ein bisschen Entscheidungshilfe:

Rein äußerlich unterscheiden sich die beiden Geschlechter darin, dass der Rüde größer und imposanter ist, während die Hündin insgesamt etwas eleganter wirkt. Hinsichtlich des Charakters fällt auf, dass Leorüden häufiger zu einer gewissen Dickköpfigkeit und Sturheit neigen. Besonders in der Pubertät könnte man bei dem einen oder anderen vermuten, dass er plötzlich schlecht hört und alles bisher Gelernte vergessen hat. In dieser Phase der Entwicklung ist Konsequenz bei der Erziehung besonders wichtig – bedenken Sie die spätere Größe und Kraft des Hundes. Konsequenz darf aber keinesfalls Gewalt bedeuten; auch wenn man es bei so manchem heranwachsenden Rüpel nicht glauben mag, sind Leonbergerrüden im Grund anhängliche und sensible Hunde.

Hündinnen gelten im Allgemeinen als leichter erziehbar. Allerdings werden Sie zweimal jährlich läufig und können in dieser Zeit der Paarungsbereitschaft aufgrund der hormonellen Vorgänge im Körper verändertes Verhalten zeigen. Menschen gegenüber sind sie dann meistens besonders anhänglich, doch gegenüber Artgenossen verhalten sie sich vor allem zum Ende der Läufigkeit hin und auch kurz danach gelegentlich „zickig".

Verallgemeinern lassen sich die eben gemachten Aussagen allerdings nicht, denn das Wesen eines Hundes und sein Verhalten hängen nicht nur vom Geschlecht ab, sondern von vielen weiteren Faktoren. Es gibt also auch absolut leichtführige Rüden, und ebenso gibt es Hündinnen, denen so viel Dominanz in die Wurfkiste gelegt wurde, dass sie der Meinung sind, alle müssten nach ihrer Pfeife tanzen. Das Wesen eines Hundes ist nicht zuletzt genetisch bedingt. Daher ist es besonders wichtig, auf die Elterntiere zu achten und sich mit dem Züchter zu beraten.

Bei der Entscheidung für einen Rüden oder eine Hündin spielt nicht zuletzt das Umfeld eine Rolle.

Ein lebhafter Welpe passt gut in eine aktive Familie.

Ist der Leo schon als Welpe ein gemütlicher Typ, wird er sich in einem ruhigen Haushalt wohler fühlen.

Leonbergerrüden sind eine imposante Erscheinung.

Günstig ist es herauszufinden, welche Hunde bereits in der Nachbarschaft leben. Sind es überwiegend Hündinnen und Sie entscheiden sich für einen Rüden, stehen Ihnen und Ihrem Hund wahrscheinlich stressige Zeiten bevor. Die Damen werden zweimal jährlich für etwa drei Wochen läufig – und das nicht alle gleichzeitig. Ihr Rüde wird also vergleichsweise häufig seinem natürlichen Trieb folgen wollen, wobei es ihm vollkommen egal ist, ob es sich um eine Dackel-, Schäferhund- oder Mopsdame handelt. Sie werden das selbstverständlich nicht zulassen, aber Sie werden möglicherweise mit nächtlichen „Gesangseinlagen" leben müssen und nicht wenige Leonbergerrüden verweigern aus „Liebeskummer" auch das Fressen.

Ähnlich anstrengend kann es auch im umgekehrten Fall werden, wenn Sie sich für eine Hündin entschieden haben und in Ihrer Nachbarschaft viele aktive Rüden leben. Dann wird so mancher Spaziergang während der Läufigkeit einem Spießrutenlauf gleichen. Sie werden Ihre Hündin in dieser Zeit ganz bestimmt an der Leine führen, doch das nützt wenig, wenn die Rüden frei laufen dürfen. Mancher Rüde wird vielleicht sogar einen Weg finden, das Grundstück seines Besitzers unbemerkt zu verlassen und das Ihre zu belagern. Und machen Sie sich nichts vor: Die stattliche Größe Ihrer Leonbergerhündin ist auch für kleine Rüden kein Hindernis – wo ein Wille ist, ist auch ein Weg.

Wenn Sie bereits einen Hund besitzen und nun einen andersgeschlechtlichen Leonberger hinzunehmen wollen, sollten Sie sich der damit verbundenen Unannehmlichkeiten ebenfalls bewusst sein. Sie müssen dann nämlich sowohl die Möglichkeit als auch die Nerven haben, die Hunde während der Läufigkeit der Hündin getrennt zu halten.

Die Alternative: ein erwachsener Leonberger

So schön die Aufzucht eines Leonbergerwelpen ist, so anstrengend und zeitaufwendig ist sie auch. Man muss sich gerade in den ersten Wochen nahezu rund um die Uhr um den Kleinen kümmern, und auch die Erziehung beansprucht einige Zeit. Wer das nicht leisten kann oder will, der muss trotzdem nicht auf einen Leonberger als Familienhund und Begleiter verzichten. Ein „Second-hand-Leo", also ein erwachsenes, eventuell auch schon etwas älteres Tier, ist in diesem Fall ganz sicher eine gute Entscheidung. Diese Hunde haben ihre Entwicklung bereits abgeschlossen, ihr Wesen und ihre Eigenschaften sind gut erkennbar und einschätzbar und sie haben im Normalfall eine Grunderziehung erhalten. Sie werden im Allgemeinen nicht abgegeben, weil sie ihren Besitzern nicht gefallen oder gar schwierig zu halten sind, sondern weil eine Veränderung der persönlichen Umstände ihrer bisherigen Halter, sei es Trennung, Krankheit, Umzug oder leider auch manchmal Tod, dies erfordert. Erwachsene Leonberger sind sofort hervorragende Begleiter für Ihre Freizeitaktivitäten wie ausgedehnte Spaziergänge oder Wanderungen. Voraussetzung ist natürlich ein gesunder Bewegungsapparat, doch auch darüber weiß man in der Regel von Anfang an Bescheid, denn die meisten erwachsenen Leos sind bereits auf HD (Hüftgelenkdysplasie) untersucht.

Gelegentlich trennen sich Züchter von ihren etwa acht bis zehn Monate alten Hunden, die sie für die Weiterzucht zurückbehielten, bei denen sich aber später herausstellte, dass sie sich, etwa wegen eines Zahnfehlers oder aus anderen Gründen, doch nicht zur Zucht eignen. Diese Hunde sind trotzdem wundervolle, typische Leonberger

Hündinnen wirken etwas eleganter als Rüden.

Ein erwachsener Leonberger schließt sich in der Regel schnell an seinen neuen Besitzer an.

und, wenn Sie selbst keine Zuchtgedanken hegen, sicher eine gute Alternative zum Welpen.

Auch wenn Sie sich für einen älteren Leonberger entscheiden, sollten Sie sich die Zeit nehmen, den Hund möglichst oft zu besuchen, um ihn in Ruhe kennenzulernen. Wenn die „Chemie“ zwischen Ihnen beiden stimmt, wird die Eingewöhnung in das neue Zuhause sicher kein Problem. Im Normalfall dauert es nur wenige Tage oder Stunden, und bald wird es Ihnen und Ihrem Leo so vorkommen, als hätten Sie schon immer zusammengehört.

Woher nehmen?

Gott sei Dank werden Sie in den seltensten Fällen einen Leonberger im Tierheim finden. Erwachsene Leonberger werden, sofern sie im DCLH gezüchtet wurden, auch von diesem vermittelt. Hierzu gibt es zum einen eine Rubrik auf der Homepage des Clubs, zum anderen besteht aber auch ein reger Austausch zwischen den Züchtern, die meistens wissen, wenn ein erwachsenes Tier umplatziert werden muss. Sie können also den DCLH kontaktieren oder einen Züchter in Ihrer Nähe ansprechen, der manchmal sogar von zu vermittelnden Leonbergern weiß, die (noch) nicht auf der Liste des DCLH stehen.

Beide Quellen haben den Vorteil, dass man Ihnen hier fast immer einiges über den Werdegang und das Wesen des Leonbergers sagen kann, für den Sie sich interessieren. Oft sind es die Züchter selbst, die sich auch nach dem Verkauf für ihren Sprössling verantwortlich zeigen und dem Halter im Notfall bei der Suche nach einem neuen Platz für seinen Hund behilflich sind. Sie können also davon ausgehen, dass die Auskünfte zum Tier ehrlich sind, möchte doch jeder verantwortungsvolle Züchter, dass „sein“ Leo ein endgültiges Zuhause findet, bei einem Besitzer, der zu ihm passt. Auch beim Erwerb eines erwachsenen Hundes müssen Sie also nicht die sprichwörtliche Katze im Sack kaufen.

Der Leowelpe zieht ein

Endlich ist der Tag des Einzugs gekommen. Sie sollten folgende Vorbereitungen getroffen haben: Futter- und Wassernapf stehen am dafür vorgesehenen Platz und es ist alles besorgt, was auf dem Futterplan steht, den Sie von Ihrem Züchter vorab bekommen haben. Ein größenverstellbares, leichtes weiches Halsband oder ein Brustgeschirr und eine Leine liegen bereit. Der Schlafplatz des Welpen ist bereits eingerichtet und befindet sich nicht in unmittelbarer Nähe einer Heizung oder des Kamins, denn dort würde sich Ihr kleiner Leo sicher nicht wohlfühlen – er liebt es eher kühl. Sie haben welpengeeignetes Spielzeug besorgt, ohne kleine Kunststoffteile wie etwa Knopfaugen bei Plüschtieren, die abgebissen und verschluckt werden könnten. Sämtliche für die Welpennase erreichbaren Steckdosen sind mit einer Kindersicherung versehen und lose herumliegende Ka-

bel sind in einem Kabelkanal verschwunden oder wurden entfernt. Giftige Zimmerpflanzen stehen außerhalb der Reichweite des Welpen. Ist der Garten nur über mehrere Stufen zugänglich, haben Sie diese zu einer Rampe mit rutschsicherem Belag umgebaut. Ein mit Kunstrasen bespanntes Brett leistet hier gute Dienste. Ihr Welpe darf noch keine Stufen steigen, sollte den Garten aber jederzeit schnell erreichen können, um sich dort zu lösen. Den Gartenzaun haben Sie kontrolliert, und eventuell vorhandene Schlupflöcher, durch die der Welpe entwischen könnte, sind nun verschlossen. Falls ein tiefer Gartenteich oder ein Pool vorhanden ist, wurde dieser abgesichert. Ein Welpe kann zwar schwimmen, doch wenn er panisch wird oder wenn steile Wände verhindern, dass er allein wieder aus dem Wasser kommt, kann er schnell unterkühlen und ertrinken. Giftpflanzen im Garten wie Oleander oder Goldregen sollten ebenfalls unerreichbar für den kleinen Leo sein.

Nun steht dem Einzug des Welpen nichts mehr im Weg.

Die Abholung

Planen Sie die Abholung so, dass der kleine Leo sein neues Zuhause noch bei Tageslicht erreicht und einige Stunden Zeit hat, die ungewohnte Umgebung zu erkunden, bevor er die erste Nacht ohne Mutter und Wurfgeschwister verbringt. Falls Sie einen langen Weg zu Ihrem Züchter haben, ist es sinnvoll, schon am Vortag anzureisen und in einem nahe gelegenen Hotel zu übernachten. So können Sie am nächsten Morgen schon früh die Heimreise mit dem Welpen antreten. Berücksichtigen Sie bei Ihrer Planung, dass die Übergabe Ihres Welpen etwas Zeit in Anspruch nehmen wird: Der nun einmal notwendige geschäftliche Teil des Welpenkaufs muss erledigt werden, dazu kommt noch die Aushändigung des blauen europäischen Heimtierausweises, in dem sowohl die Impfungen als auch die Mikrochipnummer eingetragen sind. Auch erhalten Sie eine Welpenmappe, die alles Wichtige über Fütterung und Pflege Ihres Leos zusammenfasst und meist weitere nützliche Informationen enthält. Ganz sicher gibt es darüber hinaus noch einiges zu besprechen. Die Ahnentafel des Welpen können Sie nicht sofort mitnehmen. Sie wird Ihnen später nachgesandt, da sie dem Züchter zum Zeitpunkt der Welpenabgabe noch nicht vorliegt. Ausgestellt wird die Ahnentafel vom Zuchtbuchamt des DCLH, was einige Zeit dauert.

Denken Sie vor Ihrer Abreise an das „Stinketuch". So nenne ich das Tuch (oder die kleine Decke), das Sie oder Ihr Züchter schon einige Tage vor der Abgabe in den Welpenraum gelegt haben, damit es den Geruch der Wurfgeschwister und der Mutterhündin annimmt. Mit diesem Tuch kann Ihr Welpe ein wenig gewohnten Geruch mit in sein neues Heim nehmen, was ihm den Umzug sehr erleichtern wird. Selbstverständlich sind Sie zur Abholung mit einer Begleitperson angereist, damit Sie selbst sich während der Heimfahrt um den Welpen kümmern können.

Ab dem Alter von acht Wochen kann der kleine Leo in sein neues Zuhause umziehen.

Auf seine Mutter wird der Kleine bald verzichten müssen, dafür erhält er ein neues Zuhause bei Menschen, die ihn lieben.

Sollte der Welpe unruhig werden, geben Sie ihm eine kleine Kaustange, damit ist er meistens wirksam abgelenkt. Bitte legen Sie stündlich eine kurze Pause ein. Leinen Sie Ihren Welpen am sicher sitzenden Halsband oder Geschirr an und laufen Sie ein Stückchen mit ihm, damit er sich lösen kann. Bieten Sie ihm auch etwas Wasser zum Trinken an. Nur wenn der Welpe gerade tief und fest schläft, sollten Sie die geplante Pause hinauszögern, bis er von selbst aufgewacht ist. Viele Züchter haben die Welpen bereits vor der Abholung an das Autofahren gewöhnt, aber auch wenn nicht, wird Ihr Leo die Heimreise gelassen überstehen, wenn Sie wie beschrieben vorgehen.

Die ersten Tage und Nächte

Wenn Sie es einrichten konnten, haben Sie Ihren Leowelpen idealerweise zu Beginn eines verlängerten Wochenendes oder eines eigens dafür geplanten Urlaubs abgeholt. So ist eine ständige Betreuung in der ersten Zeit gewährleistet. Ihr Welpe wird sich dadurch leichter eingewöhnen und Sie können unerwünschtes Verhalten wie Stuhlbeine- oder Schuhe-Ankauen gleich im Keim ersticken, bevor es zur lästigen Gewohnheit wird.

Im neuen Zuhause angekommen, zeigen Sie dem kleinen Leo, wo sein Futter- und sein Wassernapf stehen und wo er seinen Ruheplatz findet, den Sie nun mit dem „Stinketuch" bestücken. Dann lassen

Sie ihn erst mal in Ruhe alles erkunden. Für den Welpen bedeuten der Umzug aus seiner vertrauten Umgebung und der Verlust der Sicherheit, die ihm sein Rudel gab, einen großen Einschnitt in seinem noch so kurzen Leben. Er muss nun die neuen Eindrücke und Gerüche allein verarbeiten. Wie sehr die Erlebnisse den Leowelpen beschäftigen, erkennt man oft daran, dass er wild träumt, wenn er sich in seiner neuen Heimat zum ersten Mal schlafen gelegt hat. Aber es wäre kein waschechter Leonberger, wenn ihm die Eingewöhnung mit Ihrer liebevollen Unterstützung nicht sehr schnell gelänge.

Es ist verständlich, dass Ihre Verwandten, Freunde und Nachbarn neugierig sind und den Ankömmling so bald wie möglich begrüßen und betrachten wollen. Dagegen ist grundsätzlich auch nichts einzuwenden, aber gönnen Sie sich und

So wird Ihr Leo stubenrein

Die meisten Welpen sind bei der Abgabe bereits vom Züchter auf Stubenreinheit trainiert. Er hat sie beispielsweise nach dem Aufwachen oder direkt nach dem Fressen mit einem bestimmten Ruf in den Garten gelockt. Doch trotz aller Mühen – einen acht bis zehn Wochen alten, absolut stubenreinen Welpen gibt es nicht. Es liegt also an Ihnen, das Werk zu vollenden. Das gelingt leicht, wenn Sie wie folgt vorgehen:

Wann immer der Welpe aufwacht, gefressen hat oder auch wenn er während des Spiels oder in der Nacht plötzlich unruhig wird und mit dem Näschen am Boden hin und her läuft, müssen Sie reagieren! Locken oder tragen Sie den kleinen Leo dann sofort nach draußen auf den vorgesehenen Löseplatz. Anfangs verwenden Sie dazu am besten den Lockruf, den der Züchter etabliert hat. Wenn der Welpe sich löst, sagen Sie immer das Gleiche, zum Beispiel „feines Pipi“, und bringen Ihre Freude überschwänglich zum Ausdruck. Hundeunerfahrene Nachbarn werden Sie zwar möglicherweise für verrückt halten, aber Ihr Leo wird schnell begreifen, worüber Sie sich so freuen, und schon bald wird er sich auf Ihr Kommando hin lösen.

Sollte Ihrem Welpen dennoch einmal ein Malheur passieren, strafen Sie ihn bitte nicht und stupsen Sie ihn auf keinen Fall mit der Nase in seine Hinterlassenschaften. Er hat sein Bedürfnis ganz bestimmt angekündigt. Sie haben die Anzeichen nur nicht bemerkt und müssen beim nächsten Mal besser aufpassen.

dem Leo auch genügend Ruhe, um sich erst mal besser kennenzulernen. Bei aller Souveränität, über die Leonberger selbst als Welpen schon verfügen – überfordern Sie den Kleinen nicht mit zu vielen neuen Bekanntschaften auf einmal.

Der Tagesablauf Ihres Welpen ist einem Rhythmus unterworfen, der sich automatisch aus den Fütterungszeiten und den Schlafphasen ergibt. Die aktiven Phasen liegen hauptsächlich vor und nach den Mahlzeiten. Ansonsten schläft der Welpe sehr viel, was für seine Entwicklung ganz wichtig ist. Sorgen Sie deshalb dafür, dass er nicht gestört wird. Gelegentlich gibt es Welpen, die von der Bedeutung des Schlafs noch nichts gehört zu haben scheinen. Wenn das auf Ihren Leo zutrifft, müssen Sie ihn zur nötigen Ruhe zwingen. Das

Im neuen Zuhause sollte der Welpe zunächst alles in Ruhe erkunden dürfen.

klappt am besten, indem Sie jegliche Spielaufforderung oder verbalen Protest des kleinen Wirbelwinds ignorieren. Das ist zwar keine ganz leichte Aufgabe, weil der Leo wahrscheinlich mit allen Mitteln versuchen wird, Ihre Aufmerksamkeit auf sich zu ziehen, aber wenn Sie standhaft bleiben, wird er schnell lernen, dass jeder Protest zwecklos ist.

In den ersten Nächten nach seinem Einzug sollte der Welpe nicht allein bleiben müssen. Zum einen ist ihm die neue Umgebung noch fremd und er braucht deshalb Ihre Nähe, die ihm Geborgenheit vermittelt, und zum anderen ist er sicher noch nicht ganz stubenrein und muss nachts zum Lösen nach draußen gebracht werden. Schließlich soll er sich nicht angewöhnen, sich im Haus zu lösen. Wichtig ist, dass Ihr Leo seine ersten Nächte bereits dort verbringt, wo er auch in Zukunft schlafen soll. Hat er sich nämlich erst mal an einen Schlafplatz gewöhnt, wird es später schwierig, ihn zum Umziehen zu bewegen. Mit in Ihr Schlafzimmer sollten Sie ihn also nur nehmen, wenn er dort immer nächtigen darf. Einen manchmal etwas streng riechenden, womöglich schnarchenden Riesenhund neben Ihrem Bett dürfen Sie in dem Fall nicht als störend empfinden. Wenn Sie Ihrem Leo lieber einen anderen Ruheplatz zuweisen wollen, sollten Sie Ihr Lager in den ersten Nächten bei ihm aufschlagen. Allzu lang werden Sie aber nicht auf Ihr Bett verzichten müssen. Die meisten Welpen sind nach kurzer Zeit stubenrein und zudem werden Sie bald herausgefun-

Ruhephasen sind wichtig!

den haben, wann abends das letzte Pipi fällig ist, damit die Nacht ohne Störung verläuft. Der Leo hat sich nun auch schon so gut eingewöhnt, dass er die Nächte durchaus allein in einem Raum verbringen kann.

Der Leowelpe und Kinder

Zwischen dem Leowelpen und Ihrem Kind oder Ihren Kindern kann eine wunderbare Freundschaft entstehen. Wenn beide, Kind und Hund, gewisse Grundregeln einhalten und respektvoll miteinander umgehen, werden sie sicher tolle Spielpartner. Die Regeln müssen Sie ihnen allerdings erst vermitteln.

Bringen Sie Ihrem Kind bei, dass der Leo weder beim Schlafen noch beim Fressen gestört werden darf. Ganz wichtig ist es auch, dass der Hund als Lebewesen und nicht als Spielzeug wahrgenommen wird. An Fell, Rute oder Ohren ziehen sollte ebenso tabu sein wie das Auf-den-Arm-Nehmen. Auch wenn er so aussieht: Ein Leonberger ist kein Plüschtier! Kinder sind nicht in der Lage, den Welpen sicher genug zu halten, und falls er vom Arm rutscht, können schwere Wirbelsäulenverletzungen die Folge sein

Der Welpe muss lernen, dass er im Spiel weder seine Zähne einsetzen noch das Kind anrempeln, anspringen oder gar besteigen darf. Diese Verhaltensweisen zeigte er im Spiel mit seinen Wurfgeschwistern, aber im Umgang mit Menschen müssen sie tabu sein – bedenken Sie die Endgröße Ihres Hundes! Beaufsichtigen Sie Kind und Welpe und brechen Sie das Spiel sofort durch ein knappes, in scharfem Ton gesprochenes Kommando wie „Pfui!“ oder „Aus!“ ab, wenn der Leo zu wild wird oder seine spitzen Milchzähne einsetzt.

Das Abbruchkommando muss genau in dem Moment erfolgen, wo das Fehlverhalten gezeigt wird, höchstens zwei bis drei Sekunden später. Sonst kann der Welpe nicht verstehen, was er falsch gemacht hat. Spielen sollten Kind und Hund zumindest in der ersten Zeit vor allem mit Gegenständen wie Zerrseilen oder Ähnlichem. Der Welpe kann in das Spielzeug beißen, und die Hände und Hosenbeine Ihres Kindes bleiben verschont.

Falls Ihr Welpe bei einem Züchter mit kleinen Kindern aufgezogen wurde, kennt er die Spielregeln sicher schon. Aber auch wenn das nicht so ist, wird er sie bei Ihnen schnell verinnerlichen.

Ist die Freundschaft erst einmal gewachsen, wählen viele Leonberger ihren Schlafplatz vor der Kinderzimmertür. Sie wollen dem Kind nahe sein und es beschützen. So mancher Leo wartet auch jeden Tag am Gartentor, weil er weiß, dass das Kind gleich aus der Schule kommt. Er scheint die Zeit der Heimkehr genau zu kennen. Es ist wunderbar zu beobachten, wie sensibel und vorsichtig ein riesiger, ausgewachsener Leonberger mit Kindern umgeht. Vorausgesetzt, er hat noch keine schlechten Erfahrungen gemacht.

Leonberger und Kinder können dicke Freunde werden.

Nachbarschaftspflege

Schon bald wird Ihr Leonberger der wahrscheinlich größte Hund in der Nachbarschaft sein. In Anbetracht der Tatsache, dass einige Menschen und viele kleinere Hunde Angst vor so einem riesigen Hund haben, ist es sinnvoll, wenn Sie den Leo bereits als Welpen Ihrem Umfeld vorstellen. Haben Ihre Nachbarn den knuddeligen Kleinen schon gestreichelt und haben sie weiterhin regelmäßig Kontakt zu ihm, während er heranwächst, werden sie sicher auch dann keine Angst vor ihm haben, wenn aus dem „Bärchen“ ein „Bär“ geworden ist. Vorausgesetzt natürlich, Ihr erwachsener Leo hat gelernt, sich zu benehmen, und zerrt Sie nicht über die Straße, um dem Nachbarn voller Wiedersehensfreude in die Arme zu springen.

Dasselbe gilt für die in der Nachbarschaft lebenden Hunde. Wenn diese Ihren Leo von klein auf kennen, werden sie später bestimmt keine Angst vor ihm haben. Zudem sind Sozialkontakte mit

Artgenossen auch für Ihren Welpen sehr wichtig. Achten Sie aber unbedingt darauf, dass er keine schlechten Erfahrungen macht, und lassen Sie ihn nur mit Hunden zusammen, von denen Sie wissen, dass sie verträglich sind und Ihren Leo allenfalls rügen, aber nicht beißen. Einen Welpenschutz, an den sich alle erwachsenen Hunde grundsätzlich halten, gibt es nicht!

Gut sozialisierte Leonberger verstehen sich auch prima mit deutlich kleineren Artgenossen.

Über die Gründung einer Vierbeiner-WG

Häufig wird gefragt, ob ein Leonbergerwelpe zu einem bereits vorhandenen, vielleicht sogar schon etwas betagteren Hund oder zu einer im Haus lebenden Katze gesellt werden kann. Wenn man einige Regeln beachtet, ist beides gut möglich.

Der Leowelpe und Ihr erwachsener Hund

Vorausgesetzt, Ihr Hund ist kein Raufer, der sich ganz und gar nicht mit seinen Artgenossen versteht, ist es recht unproblematisch, einen Leonbergerwelpen als Zweithund dazuzugesellen. Sie müssen aber darauf achten, dass Ihr Ersthund weiterhin die „erste Geige" spielt und sich nicht plötzlich alles um den Welpen dreht. Andernfalls würde Ihr erwachsener Hund vollkommen zu Recht eifersüchtig auf den kleinen Eindringling reagieren. Er ist schließlich der Ältere und Ranghöhere, und ihm gebühren die Privilegien, zuerst gestreichelt oder zum Spaziergang angeleint zu werden, als Erster an den Futternapf zu dürfen, und auch beim Spiel sollten Sie ihn bevorzugt behandeln. Ihr Ersthund hat zudem das Recht, den kleinen Leo anzuknurren und zu maßregeln, wenn dieser die von ihm geforderte Distanz nicht einhält. Er muss seine ranghöhere Position dem neuen Rudelmitglied gegenüber deutlich machen dürfen. Beißen sollte er ihn dabei selbstverständlich nicht, aber

Wichtig!
Egal, wie gut sie sich verstehen: Kind und Hund sollten niemals unbeaufsichtigt miteinander spielen!

ein gut sozialisierter Hund wird das auch nicht tun. Dem Welpen ist das alles nicht fremd, kommt er doch in der Regel aus einem stabilen Rudel, wo er etwa ab der fünften bis sechsten Lebenswoche von den erwachsenen Rudelmitgliedern und von seiner Mutter zurechtgewiesen wurde, wenn er über die Stränge schlug. Er wird die von Ihrem Ersthund gesetzten Grenzen also sehr schnell akzeptieren, und es wird nicht lange dauern, bis dieser im Gegenzug toleranter wird und bald sogar Spielaufforderungen des Welpen annimmt oder ihn selbst zum Spiel auffordert. Gelegentlich werden Sie sich dann wundern, was sich Ihr Ersthund plötzlich von dem Kleinen gefallen lässt – hat er ihn doch vor Kurzem noch permanent angebrummelt. Für Hunde im Seniorenalter kann der Einzug eines Welpen manchmal wie ein Jungbrunnen wirken. Sie haben nun wieder eine Aufgabe und einen Spielpartner.

Der Leowelpe und Ihre Katze

Ist Ihre Katze bereits an Hunde gewöhnt, wird sie dem Welpen sicher seine Grenzen aufzeigen, ohne dass es Ihrer Mithilfe bedarf. Günstig ist es, wenn der Welpe bereits beim Züchter mit Katzen aufwuchs. Dann wird er ihre Körpersprache sicher schon deuten können und gelernt haben, wann er einer Katze besser fernbleibt.

Ist es für eines der Tiere oder sogar für beide eine Begegnung mit einer bisher unbekannten Art, müssen Sie ein bisschen mehr darauf achten, dass das erste Zusammentreffen nicht in einem Fiasko

So mancher ältere Hund blüht im Spiel mit einem Welpen noch mal so richtig auf.

Von klein auf aneinander gewöhnt, kann sich zwischen Leo und Katze eine richtige Freundschaft entwickeln.

endet. Das ist aber gar nicht so schwierig. Verhindern Sie, dass der Welpe hinter der Katze herjagt, am besten, indem Sie ihn bei der ersten Begegnung entweder angeleint lassen oder ihn auf dem Arm tragen. Geben Sie dem Welpen dann einen Kauknochen oder etwas Ähnliches, um ihn zu beschäftigen. Er wird seinem Appetit folgen und die Katze erst einmal ignorieren. Das gibt ihr Zeit, sich den neuen Hausgenossen aus sicherer Entfernung anzusehen und festzustellen, dass von dem Welpen keine unmittelbare Gefahr ausgeht.

Wiederholen Sie das Zusammentreffen am besten, wenn der Welpe müde ist. Sollte er dennoch auch nur im Ansatz hinter der Katze herrennen wollen, müssen Sie das umgehend mit einem scharfen „Nein!" oder „Pfui!" unterbinden. Vergessen Sie aber nicht, ihn zu belohnen, wenn er von seinem Vorhaben ablässt. Nähert sich der Welpe der Katze langsam, lassen Sie dies zu und achten Sie auf ihre Reaktion. Erlaubt sie die Annäherung, ist das Eis gebrochen. Faucht sie den Welpen an oder schlägt gar nach ihm, wird der Kleine sich sicher beeindruckt oder gar erschreckt trollen. Er wird schnell lernen, die geforderte Distanz zu wahren.

Schon bald werden die beiden die Gegenwart des jeweils anderen akzeptieren. Das ist das erste Ziel, das es zu erreichen gilt. Ob daraus sogar eine Freundschaft entsteht, wird sich mit der Zeit herausstellen. Es ist gar nicht so selten.

So wird Ihr Leo alltagstauglich

Damit Ihr Leonberger zu einem zuverlässigen Begleiter im Alltag wird, sollte er Sie von Anfang an überallhin begleiten dürfen, um möglichst viele unterschiedliche Situationen kennenzulernen. Auch eine gute Grunderziehung vom ersten Tag an ist wichtig, denn der Leo sollte sich sowohl innerhalb Ihres privaten Umfelds als auch unterwegs zu benehmen wissen.

Dabeisein ist alles!

Bereits nach einer kurzen Eingewöhnungszeit, wenn der Welpe sich an Sie gebunden hat und Ihnen sein Vertrauen schenkt, ist die Zeit gekommen, ihm so viele Eindrücke von der Umwelt wie nur möglich zu vermitteln. Schließlich soll er ja einmal Ihr souveräner Begleithund im XXL-Format werden, den so schnell nichts aus der Ruhe bringt.

Besuchen Sie beispielsweise Wildparks oder den Zoo. Im Internet können Sie recherchieren, wo Hunde willkommen sind. Fahren Sie mit Ihrem Leo auch unbedingt öfter mal in die Stadt und nutzen Sie dabei die öffentlichen Verkehrsmittel. Er soll mit dem Stadtlärm ebenso vertraut werden wie mit den Geräuschen in seinem sicher deutlich ruhigeren Zuhause. Spazieren Sie mit ihm durch Einkaufspassagen oder Kaufhäuser und fahren Sie dort mit dem Aufzug. Gehen Sie gemeinsam mit ihm über den Wochenmarkt. Selbstverständlich sollte der Leo auch jetzt schon Restaurant- oder Cafébesuche kennenlernen.

In den ersten Monaten legen Sie die Basis für das, was Ihren Leonberger später ausmachen wird. Nutzen Sie diese Zeit sinnvoll, gehen Sie dabei aber mit Bedacht vor. Bevor Sie mit dem Welpen losziehen, sollte er bereits gelernt haben, an der Leine zu laufen. Auch sollten nicht alle Eindrücke auf einmal über ihn hereinbrechen – er braucht zwischendurch Zeit, um Erlebtes zu verarbeiten. Selbst dem nervenstärksten Leowelpen würde es sicher zu viel, wenn er gleich nach der ersten Zugfahrt mit Bahnhofslärm auch noch der ersten Raubkatze oder dem ersten Elefanten begegnen würde.

Wahrscheinlich wird Ihr Leo in der einen oder anderen Situation Unsicherheit oder Angst zeigen. Bedauern Sie ihn dann bitte nicht, denn er würde sich durch Ihre Zuwendung nur in seinem Verhalten bestärkt fühlen. Helfen Sie ihm lieber durch Ablenkung, die Situation zu meistern. Hat er sich beispielsweise vor dem Geräusch einer bremsenden Straßenbahn erschreckt, animieren Sie ihn zu einem Spiel, wenn die nächste Straßenbahn naht. So beschäftigt, wird er nun das Bremsgeräusch nur noch nebenbei wahrnehmen und feststellen, dass davon keine Gefahr ausgeht.

Alle gemeinsamen Erlebnisse werden die Bindung Ihres Hundes zu Ihnen vertiefen, und auch Sie bauen Vertrauen zu ihm auf. Das ist eine wichtige Voraussetzung für ein stressfreies Zusammenleben, denn Sie möchten sich ja später auf die

So früh wie möglich sollte der Leo andere Tierarten kennenlernen.

Souveränität Ihres großen Begleiters absolut verlassen können. Würde sich ein ausgewachsener Leo vor einer Straßenbahn erschrecken und die Flucht nach vorn antreten, könnten Sie ihn wohl kaum zurückhalten …

Tierarztbesuch „just for fun"

Der erste Tierarztbesuch muss für den Welpen ein positives Erlebnis sein. Er soll weder die Praxis mit all ihren Gerüchen noch den Tierarzt selbst mit etwas Unangenehmem wie Schmerz in Verbindung bringen. Besuchen Sie die Tierarztpraxis also einige Male mit Ihrem gesunden Welpen, damit er dort nur freundliche Menschen kennenlernt, die ihn streicheln und mit Leckereien verwöhnen. So wird er sicher bald Vertrauen fassen, und er wird es später in freudiger Erwartung des Hundekuchens auch nicht übel nehmen, wenn es doch einmal kurz wehtut.

Scheuen Sie diese zusätzliche Mühe nicht, Ihr Einsatz wird sich lohnen. Sie ersparen Ihrem Hund unnötige Ängste und sich einigen Aufwand – einen erwachsenen Leonberger, der sich weigert, die Tierarztpraxis zu betreten, können Sie nicht einfach unter den Arm klemmen und hineintragen!

Hat der Leo den Besuch in der Tierarztpraxis schon im Welpenalter positiv verknüpft, verlaufen spätere Besuche stressfrei.

Erziehung muss sein

Ein angenehmer und überall gern gesehener Begleithund zeichnet sich durch eine gute Grunderziehung aus. Das Training sollte nach dem Prinzip „Motivation durch Belohnung" erfolgen. Das heißt, richtiges Verhalten wird sofort belohnt und damit positiv verstärkt.

Ganz ohne Strafen wird man bei den meisten Welpen allerdings nicht auskommen. Diese müssen aber unbedingt im richtigen Moment erfolgen, spätestens zwei bis drei Sekunden nach dem Fehlverhalten, damit der Welpe den Zusammenhang begreift. Wichtig ist auch, dass die Art der Strafe angemessen und für den Welpen verständlich ist. Schläge sind absolut fehl am Platz – weder mit der Hand noch mit der Zeitung oder anderen Gegenständen. Geeignete Strafen sind, abhängig von der Situation, sofortiger Spielabbruch, Kontaktabbruch oder verbaler Tadel in einer tiefen Tonlage. Als körperliche Strafe kommt ein schneller Griff über den Fang infrage, wie der Welpe es bereits von seiner Mutter kennt. Oder Sie packen ihn kurz im Nackenfell und drücken ihn nach unten – aber bitte schütteln Sie ihn nicht! Das würde auch keine Hundemutter tun, denn an dieser Stelle wird Beute gepackt und totgeschüttelt. Sie möchten den Welpen ja nur zurechtweisen und ihm nicht mit einer „Todesdrohung" Angst einjagen.

Beachten Sie auch, dass die Intensität der Strafe unbedingt der Sensibilität des jeweiligen Hundes angepasst sein muss. So reicht bei den meisten Leos eine scharfe verbale Rüge, während bei dickköpfigeren Rassevertretern schon mal ein Griff über den Fang notwendig ist.

Unerwünschtes Verhalten abbrechen

Ist Ihr Welpe gerade damit beschäftigt, etwas Unerlaubtes zu tun, zerkaut er etwa Ihre Schuhe oder zerlegt er munter Ihren Teppich, tadeln Sie ihn sofort mit einem sehr scharfen „Nein!" oder „Pfui!". Lässt er von seinem Tun ab und wendet sich Ihnen zu, loben Sie ihn und bieten ihm sogleich eine erlaubte Alternative, zum Beispiel ein Spielzeug oder einen Kauknochen, mit dem er sich beschäftigen darf. Reagiert er aber auch bei einem zweiten Tadel nicht, greifen Sie ihm zeitgleich mit einem erneuten scharfen „Nein!" über den Fang oder ins Nackenfell. Akzeptiert er nun Ihr Verbot und unterbricht seine Handlung, wird er sofort gelobt, und Sie zeigen ihm, was er stattdessen tun darf.

Tischmanieren

Zu Hause haben Sie die Möglichkeit, den Hund für die Dauer Ihrer Mahlzeiten auf seinen Platz zu verweisen. Im Restaurant geht das aber nicht. Ihr Leo muss also von Anfang an lernen, brav zu Ihren Füßen zu liegen, solange Sie am Tisch sitzen. Vergessen Sie nicht, wie groß er wird – eine sabbernde Hundeschnauze auf dem weißen Damast finden weder Gastronomen noch andere Gäste toll.

Nehmen Sie den Welpen von Anfang an mit ins Restaurant, am besten nach dem Spaziergang oder Spiel, wenn er ohnehin etwas müde ist. Belohnen

Gute „Napfmanieren" gehören bei so manchem Leo nicht zum Repertoire.

und beschäftigen Sie den Kleinen mit einer Kaustange, sobald er liegt. Sollte er zwischendurch unruhig werden oder gar versuchen aufzustehen, fordern Sie erneut freundlich, aber konsequent, dass er sich brav hinlegt. Geben Sie ihm dann ruhig eine weitere Kaustange zur Beschäftigung. Schon nach einigen Restaurantbesuchen wird er das richtige Verhalten gelernt haben; eine Kaustange ist dann nicht mehr nötig.

Selbstverständlich soll ein Hund nicht zwischendurch vom Tisch gefüttert werden, während Sie essen. Es ist aber nichts dagegen einzuwenden, wenn der Leo nach Ihrer Mahlzeit ein Häppchen vom Teller als Belohnung fürs brave Abliegen bekommt. So lernt er, dass ruhiges Warten lohnenswert ist, Betteln hingegen nicht.

Tischmanieren lernen Leonberger also relativ leicht. Ihnen „Napfmanieren" anzugewöhnen, ist hingegen bei den meisten Vertretern dieser Rasse anscheinend unmöglich. Gerade bei der Wasseraufnahme wird der letzte Schluck gern noch ein wenig im Maul behalten, um ihn dann in einiger Entfernung vom Napf wieder hinauslaufen zu lassen. Welpen schlafen auch häufiger direkt neben dem Napf ein, und nicht selten hängt dann ein Ohr ins kühle Nass. Achten Sie also darauf, dass Sie den Napf dort hinstellen, wo der Boden im weiteren Umkreis nicht feuchtigkeitsempfindlich ist und sich leicht reinigen lässt. Auch Teile ihres Futters lassen manche Leos gern mal aus dem Maul fallen und verteilen sie großzügig um den Napf herum. Am besten wählt man daher den Napf so groß, dass er nicht bis zum Rand gefüllt werden muss. Dann fällt deutlich mehr Futter wieder hinein statt daneben.

Alleinbleiben

Als Rudeltiere sind Hunde nicht zum Alleinsein geboren, und deshalb ist es auch nicht artgerecht, einen Hund regelmäßig und über einen langen Zeitraum allein zu lassen. Dabei spielt es keine Rolle, ob er sich im Garten, im Zwinger oder im Wohnraum befindet, ob es Tag oder Nacht ist.

Ab und zu kann der Leo aber durchaus für einige Stunden allein bleiben, wenn er es rechtzeitig und behutsam gelernt hat. Mit dem Training sollten Sie schon kurz nach der Eingewöhnung beginnen, sobald der Welpe mit Ihnen und seiner neuen Umgebung vertraut ist. Während der kleine Leo ruht oder gerade mit einem Kauknochen beschäftigt ist, verlassen Sie wortlos den Raum für maximal ein bis zwei Minuten und kehren dann ebenfalls wortlos zurück. Diese Zeitspanne verlängern Sie nun kontinuierlich. Jammert der Welpe, dürfen Sie auf keinen Fall zu ihm zurückkehren. Warten Sie, bis er sich beruhigt hat, und kommen Sie erst dann wieder.

Vermeiden Sie in jedem Fall eine überschwängliche Begrüßung. Wenn der kleine Leo freudig auf Sie zukommt, ignorieren Sie ihn zunächst und nehmen erst Kontakt zu ihm auf, wenn er sich beruhigt hat. So lernt er, dass ihm Ihre Aufmerksamkeit nicht immer zur Verfügung steht und dass Ihr Kommen und Gehen nichts Besonderes ist.

Eine sichere und komfortable Reisemöglichkeit für zwei Leonberger.

Achten Sie vor dem Verlassen des Raums immer darauf, dass nichts herumliegt, womit der Welpe Unfug treiben oder woran er sich verletzen könnte. Lassen Sie ihn auch nicht immer im gleichen Raum zurück.

Autofahren

Weil Dabeisein für sie alles ist, fahren die meisten Leos sehr gern mit Ihren Besitzern im Auto. Es genügt in der Regel, sie von Anfang an durch zunächst kurze Übungsfahrten mit dieser Form des Reisens vertraut zu machen.

Zu Ihrer eigenen und auch zur Sicherheit des Leos sollte der für den Hund bestimmte Platz im Heck Ihres Fahrzeugs zumindest durch ein fest installiertes Gitter vom Fahrgastraum getrennt sein. Am sichersten fährt Ihr Leo in einer Hundebox angemessener Größe mit rutschfestem Bodenbelag, die in das Auto eingebaut ist.

Schulpflicht für Leonberger?

Der Besuch einer Hundeschule, wo unter fachkundiger Anleitung alle Grundkommandos erlernt werden, ist für jeden Hund wichtig, im besonderen Maße aber für den großen und kräftigen Leonberger. Denn während man einen ungehorsamen mittelgroßen Hund notfalls an der Leine mit sich ziehen kann, steht der Besitzer eines unkooperativen

Mit Lob und Belohnung gelingen die ersten Übungen in der Welpenstunde leicht.

Mit ein bisschen Übung kein Problem: ein entspannter Spaziergang an locker durchhängender Leine.

Kolosses vor einer nahezu unlösbaren Aufgabe. Am Anfang führt der Weg in eine Welpenspielgruppe. Diese Übungsstunden werden in der Regel in mehrere Sequenzen unterteilt: Spielphasen, kurze Übungsphasen sowie Ruhephasen. Die Spielphasen dienen der Förderung des Sozialverhaltens. Hier darf der Leo unter Aufsicht eines erfahrenen Trainers mit Welpen unterschiedlicher Rassen herumtollen. Dabei lernt er ihre verschiedenen Ausdrucksformen und Verhaltensweisen kennen. Ein guter Ausbilder achtet stets darauf, dass die Welpen nicht zu wild oder gar zu grob spielen und dass kein Mobbing stattfindet. Er wird gegebenenfalls regulierend in das Spiel eingreifen und Ihnen auch erklären, warum er das tut.

Während der Übungsphasen erlernen die Welpen mittels positiver Verstärkung, also Lob und Belohnung, erste Kommandos wie Sitz und Platz. Auch die Leinenführigkeit wird trainiert. Dass Ihr Leo dazu motiviert wird, diese Aufgaben trotz der Ablenkung durch die anderen Welpen gemeinsam mit Ihnen zu lösen, wird seine Bindung zu Ihnen stärken.

Zwischen Spiel und Training gibt es immer wieder Ruhephasen. Diese sind wichtig, damit der Welpe die Eindrücke und das Gelernte verarbeiten kann. Achten Sie darauf, dass diese Phasen auch tatsächlich stattfinden, damit der Besuch der Spielstunden für Ihren jungen Leo nicht zu stressig wird.

Ab dem Alter von etwa sechs Monaten bis zum 15. Monat geht die Erziehung in der Junghundgruppe weiter. Hier lernt der Leo, seinem Alter und seinem Entwicklungsstand entsprechend, Ihre Kommandos richtig auszuführen und sich dabei nicht von anderen teilnehmenden Hunden ablenken zu lassen. Auch in der Junghundgruppe gilt, dass die Lernbereitschaft des Leos durch positive Verstärkung gefördert, der Hund aber keinesfalls überfordert werden soll. Wenn Sie merken, dass Ihr Leo sich nicht mehr konzentrieren kann oder müde ist, brechen Sie die Übungsstunde ab. Keinesfalls sollte die Arbeit auf dem Hundeplatz für Ihren Hund frustrierend sein – er soll freudig mitarbeiten! Bedenken Sie hierbei immer, dass Ihr Leonberger zu den Spätentwicklern zählt und einem gleichaltrigen Deutschen Schäferhund, Boxer oder gar Border Collie, was die Lernfortschritte angeht, deutlich hinterherhinken wird – das ist vollkommen normal.

Auf die Teilnahme an der Junghundgruppe folgt das Training in der Gruppe für erwachsene Hunde. Hier geht es darum, die bisher erlernten Übungen wie Leinenführigkeit, Herankommen, Sitz und Platz zu perfektionieren. Hinzu kommt noch die Freifolge – Ihr Leo soll auch ohne Leine dicht neben Ihnen herlaufen. Werden all diese Unterordnungsübungen sicher beherrscht, können Sie die Begleithundprüfung ablegen, in der Ihr Leo seine Alltagstauglichkeit unter Beweis stellen kann. Viel wichtiger als die offizielle Bescheinigung ist aber, dass Sie nun tatsächlich einen gehorsamen Begleiter haben, auf den Sie sich in jeder Situation verlassen können.

Woran erkenne ich eine gute Hundeschule?

Die Qualität einer Hundeschule hängt in erster Linie von der Qualifikation und von der Erfahrung der dort beschäftigten Ausbilder ab. Einen guten Trainer erkennen Sie daran, dass er rassebedingte und individuelle Verschiedenheiten der Hunde erkennt und darauf eingeht. Bereits in der Welpenstunde werden Unterschiede bezüglich Entwicklungsstand und Lerntempo der Welpen berücksichtigt, und auch bei der weiteren Ausbildung wird stets darauf geachtet, dass kein Hund unter- oder überfordert wird. Erfahrung und Können der Hundeführer weiß ein guter Trainer ebenfalls einzuschätzen und er wird seinen Unterricht daran anpassen. Das Training sollte abwechslungsreich sein, und neben aller Praxis sollte die Vermittlung fundierter theoretischer Kenntnisse über Hundehaltung und -erziehung nicht zu kurz kommen.

Damit das gemeinsame Training die Bindung zwischen Ihnen und Ihrem Leo fördert, ist es wichtig, dass Sie beide sich in der Hundeschule wohlfühlen und gern dorthin gehen.

Freizeit mit großem Spaß und großem Hund

Ein gut gefüllter Napf und ein gepflegtes Fell allein machen den Leonberger nicht glücklich. Er braucht auch Auslauf, Beschäftigung und Abwechslung. Nun ist er aufgrund seiner Größe und seines Gewichts nicht unbedingt für den Hochleistungssport geeignet. Dennoch gibt es viele Möglichkeiten, wie Mensch und Leo in der Freizeit gemeinsam viel Freude haben können.

Auf den klubeigenen Hundeplätzen des DCLH sind Leos unter sich.

Ausbildungsmöglichkeiten im DCLH

Der Deutsche Club für Leonberger Hunde teilt sich in zwölf Landesgruppen und fünf Bezirksgruppen auf. Viele davon bieten Leonbergerbesitzern die Möglichkeit, ihre Hunde auf klubeigenen Hundeplätzen unter fachlicher Anleitung auszubilden. Hier wird ein Kursprogramm angeboten, das speziell auf die Charaktereigenschaften des Leonbergers abgestimmt ist. Die Teilnahme ist für Mitglieder des DCLH kostenfrei und hat den Vorteil, dass die Trainer sich mit allen Eigenschaften der Rasse gut auskennen. Sie wissen genau, wie ein Leo „tickt".

Als Leohalter treffen Sie bei dieser Gelegenheit Gleichgesinnte, mit denen Sie sich über Ihren Hund austauschen und von deren Erfahrung Sie profitieren werden. Ihr Leo wird dort auf viele Artgenossen treffen, mit denen er nicht nur lernen, sondern auch spielen und toben kann. In den angebotenen Kursen können Sie sich und Ihren Hund auf verschiedene klubinterne Prüfungen vorbereiten. Ab dem Alter von zwölf Monaten darf Ihr Leo dann die Leonbergervorprüfung ablegen, in der er sowohl seinen guten Gehorsam an der Leine als auch seine Unbefangenheit gegenüber anderen Hunden und Menschen unter Beweis stellen soll. Für Fortgeschrittene folgt später die etwas schwierigere Leonbergergehorsams-

So soll es sein: Souverän passiert der Leo eine entgegenkommende Menschengruppe.

prüfung, in der zusätzlich die Freifolge ohne Leine sowie das Überwinden eines Sprungs und einer Kletterwand gefragt sind. Diese Prüfung gibt es in drei unterschiedlichen Schwierigkeitsstufen. Die BH-Club dürfen Leos ab dem Alter von 15 Monaten ablegen. Sie ähnelt der vom Deutschen Hundesportverband e. V. (dhv) angebotenen Begleithundprüfung, stellt aber beim Wesenstest und im Verkehrsteil noch etwas höhere Anforderungen an das Mensch-Hund-Team. Fährtenprüfungen werden ebenfalls speziell für Leos angeboten. Für jede bestandene Prüfung erhält man eine Leistungsurkunde. Diese berechtigt dazu, auf Ausstellungen in der Leistungsklasse zu starten. Regelmäßig finden Klubmeisterschaften und Pokalwettkämpfe statt. Auch Ausstellungstraining und Prüfungsvorbereitung zur Körung (Zuchttauglichkeitsprüfung) werden angeboten.

Gemeinsame Spaziergänge, Wanderungen, Teilnahme an Festumzügen oder Ausflüge werden von den verschiedenen Landes- und Bezirksgruppen ebenfalls organisiert. Hier sind Leofreunde unter sich und Zwei- wie Vierbeiner kommen sicher auf ihre Kosten.

Ausstellungen

Wenn Ihr Leonberger über eine vom VDH und der FCI anerkannte Ahnentafel verfügt, können Sie mit ihm an den offiziellen Ausstellungen dieser Verbände teilnehmen. Es ist immer interessant zu erfahren, wie der eigene Hund von einem sachverständigen Richter bewertet wird. Allerdings sollten Sie sich darüber im Klaren sein, dass diese Beurteilung nicht nur von der tatsächlichen Qualität Ihres Hundes abhängt, sondern auch von seiner und von Ihrer Tagesform. Die Bewertungen sind immer nur Momentaufnahmen und Ihrem Leo sind sie sowieso vollkommen egal. Er würde es nur nicht verstehen, wenn Sie plötzlich schlecht gelaunt sind. Nicht jeder Leonberger ist ein Ausstellungschampion, aber Sie haben mit Sicherheit Ihren persönlichen Champion an der Leine, denn Ihr Leo ist Ihnen an allen 365 Tagen des Jahres ein treuer, zuverlässiger Begleiter.

Ausstellungen sind für alle Beteiligten ein Riesenspaß, wenn man die Erwartungshaltung nicht zu hoch schraubt, einfach die oft spannende Atmosphäre genießt und sich darüber freut, andere Leonbergerbesitzer mit ihren Hunden zu treffen und sich untereinander auszutauschen.

Trendsportarten für Leonberger?

Hund und Sportart sollten „zusammenpassen“ und diese Voraussetzung ist in Bezug auf den Leonberger nicht bei allen modernen Hundesportarten erfüllt. Für Agility und Hundefrisbee fehlt dem Leo aufgrund seiner Größe und seines Gewichts die erforderliche Wendigkeit. Hohe Sprünge überlässt er gern den kleineren Rassen, deren Gelenke

Durch den Tunnel sprinten macht auch dem Leo Spaß …

… hohe Sprünge überlässt er aber lieber den kleineren Artgenossen und stellt sich auch mal ganz gelassen selbst als „Hürde" zur Verfügung.

der damit verbundenen Belastung deutlich besser standhalten. Obedience kann der Leo zwar durchaus betreiben, doch beim Turnier wird er gegen Border Collie, Schäferhund und Co. wohl kaum einen Pokal gewinnen. Und Dogdance ist für eine Walküre unter den Ballerinen ebenfalls keine echte Alternative.

Viel mehr liegt dem Leonberger da schon der Zughundesport – selbstverständlich die gemütliche Variante. Er wird sicher gern einen Wagen ziehen, sei es der Proviantkarren bei einer Wanderung mit Leofreunden oder ein geschmückter Wagen bei einer Veranstaltung wie dem Festmarsch des jährlich stattfindenden Leonberger Pferdemarkts.

Spazieren gehen oder wandern?

Ob Sie mit Ihrem Leo nur regelmäßig spazieren gehen oder des Öfteren mal eine größere Wanderung machen wollen, ist eine Frage Ihrer eigenen Vorlieben. Ihr erwachsener gesunder Leonberger wird Sie sicher gern bei Wanderungen begleiten, wenn diese nicht im Hochsommer in der Mittagshitze stattfinden, und sofern er viel Bewegung gewohnt ist und genügend Kondition hat. Die Erfahrung zeigt, dass Leonberger sich auch in dieser Hinsicht Ihrem Halter gut anpassen. Wenn Sie sich also selbst gern bewegen und gut trainiert sind, wird das sehr wahrscheinlich auch auf Ihren

Bei Kälte fühlen sich Leos dank ihres dichten Fells richtig wohl und zeigen ihr Temperament.

Leo zutreffen. Regelmäßige Pausen, in denen der Hund etwas trinken kann, sollten bei größeren Wanderungen selbstverständlich sein. Wenn sich unterwegs die Gelegenheit zum Baden bietet, wird der Leo sie gern nutzen.

Für Welpen, Junghunde und für Senioren kommen allerdings nur Spaziergänge infrage. In den ersten Lebensmonaten sind 10 bis 15 Minuten ausreichend. Ab dem Alter von einem halben Jahr können Sie die Spaziergänge mit Ihrem Leo langsam von einer halben bis auf eine Dreiviertelstunde ausdehnen.

Ein ausgewachsener Leonberger im besten Alter sollte sich täglich mindestens eineinhalb bis zwei Stunden bei Spaziergängen bewegen dürfen.

Schon als Welpen sind die meisten Leos echte Wasserratten.

Wie weit Ihr Senior noch laufen möchte oder kann, ist individuell verschieden und hängt von seinem Gesundheitszustand und seiner körperlichen Fitness ab. Manchem alten Leo reichen kurze, etwa halbstündige Runden völlig aus, während andere durchaus noch gern eine Stunde gemütlich mitspazieren.

Schwimmen

Es gibt nur wenige Leonberger, die das Schwimmen nicht lieben. Kein Wunder, denn sie tragen schließlich das Erbgut des Neufundländers (ein Wasserarbeitshund) in sich. Ganz besonders in den Sommermonaten bereiten Sie Ihrem Leo also eine große Freude, wenn Sie ihm das Schwimmen oder Planschen ermöglichen. Achten Sie aber immer darauf, dass das Gewässer keine starke Strömung hat und dass das Ufer nicht zu steil ist, damit der Hund das Wasser problemlos wieder verlassen kann. Der Leo sollte auch nicht zu weit vom Ufer entfernt baden. Zwar sind alle Hunde von Geburt an gute Schwimmer, aber vor allem bei sehr jungen oder bereits etwas älteren Tieren kann es vorkommen, dass ihre Kräfte plötzlich nachlassen – sie könnten ertrinken.

Wenn Sie das Wasser ebenso lieben wie Ihr Leonberger, könnte seine Ausbildung zum Wasserrettungshund für Sie beide eine schöne und sinnvolle Beschäftigung sein. Informationen erhalten Sie unter anderem beim Deutschen Rettungshundeverein (DRV) und bei den örtlichen Rettungshundestaffeln.

Radfahren

Darüber, ob ein Leonberger neben dem Fahrrad laufen sollte oder nicht, gehen die Meinungen der Leonbergerhalter auseinander. Ich gehöre zu denjenigen, die das Fahrradfahren mit dem Leo befürworten – unter bestimmten Voraussetzungen. Der Hund sollte ausgewachsen und selbstverständlich gesund sein, besonders wichtig ist ein gesundes Skelett. HD (Hüftgelenkdysplasie), ED (Ellbogengelenkdysplasie) oder OCD (Osteochondrose) sollten vor dem Fahrradtraining also ausgeschlossen werden.

Begonnen wird mit kurzen Strecken von etwa einem bis zwei Kilometern oder maximal zehn Minuten. Nach und nach kann die Streckenlänge langsam gesteigert werden. Achten Sie dabei jedoch stets auf die Atemfrequenz Ihres Hundes: Er darf zwar leicht hecheln, schließlich ist es für ihn die einzige Möglichkeit zu schwitzen beziehungsweise seine Körpertemperatur auszugleichen, niemals darf er jedoch so außer Atem sein, dass seine Zunge weit heraushängt und er starken Speichelfluss hat. Das Tempo sollte so angepasst werden, dass der Leo gleichmäßig neben dem Rad traben kann. Bei längeren Strecken sind Pausen wichtig. In diesen sollte der Hund allenfalls gemächlich gehen und Sie sollten ihm auch etwas

zu trinken anbieten. Es versteht sich von selbst, dass das Fahrradtraining bei sehr warmen Temperaturen nicht stattfindet.

Ich kenne viele Leonberger, die sehr gern am Fahrrad laufen. Sofern die Streckenlänge und das Tempo sich nach den Fähigkeiten des Hundes richten, wirkt sich das Fahrradtraining sicher positiv aus. Eine gute Bemuskelung unterstützt den gesamten Bewegungsapparat und eine langsam aufgebaute Kondition stärkt das Herz-Kreislauf-System. Es gibt aber auch Rassevertreter, die das Laufen am Rad nicht besonders spannend finden – lassen Sie also am besten Ihren Hund entscheiden, ob dieser „Sport“ etwas für ihn ist.

Urlaub mit einem Riesenhund

Das beste Transportmittel für Reisen mit dem Leo ist das eigene Auto. Sofern es sich nicht um einen Kleinwagen handelt, hat er darin genug Platz, und zudem können Sie rasten, wann immer Mensch oder Tier das Bedürfnis danach haben. Die Auswahl der mit dem Auto erreichbaren Reiseziele ist mittlerweile riesengroß, sodass jeder etwas Passendes findet. Einige Veranstalter haben sich sogar auf Reisende mit Hund spezialisiert und bieten hundefreundliche Hotels oder Ferienhäuser unterschiedlichster Kategorien in ganz Europa an. Auch in diversen Hundezeitschriften finden Sie Angebote für hundefreundliche Feriendomizile. Dem Leo wird es dort, wo es Ihnen gefällt, sicher auch gefallen. Bei Reisen in den Süden während der heißesten Jahreszeit sollten Sie allerdings darauf achten, dass sich der Hund tagsüber in klimatisierten Räumen aufhalten kann und Meer und Strand in den frühen Morgen- oder Abendstunden genießen darf.

Besonders gern wird Ihr Leonberger mit Ihnen im Wohnmobil oder mit dem Wohnwagen verreisen. Hier hat er Sie Tag und Nacht bei sich und darf in der ihm vertrauten rollenden „Hundehütte“ wohnen.

Weniger empfehlenswert sind hingegen Bahnreisen mit dem Leonberger. Zwischen die Sitzreihen passt er nicht, sodass er brav im recht schmalen Mittelgang liegen muss. Für ein- oder aussteigende Mitreisende sowie für die Bahnmitarbeiter ist es dann nahezu unmöglich, ohne akrobatisches Geschick an Ihrem Leo vorbeizukommen. Während einer Zugfahrt mit meinem Leorüden war ich daher ständig auf den Beinen, um anderen Reisenden und den Zugbegleitern Platz zu machen.

Flugreisen mit dem Leo sind möglich, sollten ihm aber nur dann zugemutet werden, wenn ein mehrwöchiger Aufenthalt geplant ist. Aufgrund seiner Größe darf der Leo nicht mit in den Passagierraum, sondern er muss in einer ausreichend großen Flugbox im Frachtraum reisen. Lässt sich ein Flug nicht vermeiden, sollte der Leonberger unbedingt rechtzeitig an den Aufenthalt in seiner Box gewöhnt werden, damit er sich darin wohlfühlt.

Strandurlaub ist Traumurlaub für Leonberger.

Pflege und Gesundheit

Für ein langes Leben bei guter Gesundheit braucht der Leo nicht nur die Zuwendung seiner Menschen, sondern auch eine qualitativ hochwertige Ernährung und eine gute Pflege. Medizinische Vorsorgemaßnahmen wie regelmäßige Impfungen und Entwurmungen sollten selbstverständlich sein.

Wie viel frisst der denn so?

Dass ein Leo im Vergleich zu kleineren Hunderassen mehr Futter braucht, ist selbstverständlich. Die genauen Futtermengen hängen aber sowohl vom altersabhängigen Nährstoffbedarf als auch von der Aktivität des Hundes ab. Hier können deshalb keine allgemeingültigen Empfehlungen gegeben werden.

Die bequemste Art, einen Hund zu ernähren, ist sicher die Fütterung eines qualitativ hochwertigen Trockenfutters. Die Futtermittelindustrie bietet unterschiedliche Mischungen an, abgestimmt auf das Alter, die Größe und viele weitere Bedürfnisse. Die auf der Verpackung empfohlenen Fütterungsmengen sind oft etwas reichlich bemessen und sollten Ihnen nur als Richtwert dienen. Wie viel Futter ein Leo genau braucht, um in guter Form zu sein, ist nun mal individuell verschieden.

Ein sehr aktiver Leo braucht mehr Futter als ein gemütlicher Typ.

Es ist auch möglich, das Futter selbst zuzubereiten. Eine bekannte und die wohl natürlichste Form der Hundeernährung ist das Barfen (BARF = biologisch artgerechtes rohes Futter). Allerdings bedarf es dazu eines gewissen Aufwands. Man muss darauf achten, dass wirklich alle für den Organismus notwendigen Inhaltsstoffe wie Mineralien, Vitamine, Proteine und Fette in der jeweils richtigen Menge enthalten sind, damit es nicht zur Unter- oder Überversorgung kommt. Beides führt besonders bei Welpen und Junghunden zu ernsthaften Problemen. Wachstumsstörungen treten auf und bleibende Skelettschäden können die Folge sein. Mittlerweile gibt es jedoch reichlich gute Literatur zum Thema BARF, in der alle notwendigen Kenntnisse vermittelt werden. Schließlich besteht auch die Möglichkeit, Frisch- und Fertigfutter zu mischen. Meine Hunde leben seit vielen Jahren gut damit.

Egal, für welche Variante man sich entscheidet, wichtig ist, die Fütterungszeiten möglichst einzu-

Bei angepasster Ernährung wächst der Welpe gesund zu einem stattlichen Junghund heran.

halten, das Futter nie zu kalt oder zu heiß anzubieten und stets genügend frisches Wasser zur freien Verfügung bereitzustellen.

Fütterung von Welpen und Junghunden

Bis zum Alter von vier Monaten benötigt Ihr Leonbergerwelpe vier Mahlzeiten täglich. So erhält der Körper eine gleichmäßige Nährstoffzufuhr und der Magen ist nie zu voll. Füttern Sie Ihren Welpen am besten nach dem Futterplan, den Ihr Züchter Ihnen mitgegeben hat. Sollten Sie auf ein anderes Futter umsteigen wollen, müssen Sie die Umstellung langsam vornehmen, also täglich etwas mehr neues Futter geben und dafür etwas weniger gewohntes. Achten Sie unbedingt darauf, dass das Futter einen niedrigen Eiweiß- und Fettgehalt aufweist, um einem unerwünschten und ungesunden „Hyperwachstum" aufgrund einer Überversorgung vorzubeugen. Das Calcium-Phosphor-Verhältnis sollte beim Welpen etwa 1 zu 0,8 und beim Junghund 1,2 zu 0,9 betragen, damit Knochen- und Gelenkprobleme gar nicht erst entstehen können.

Achten Sie unbedingt darauf, dass Ihr Leonberger nicht zu dick wird, denn auch das kann zulasten seiner Skelettentwicklung gehen.

Im Alter von vier bis circa zehn Monaten sollte die Tagesration Futter auf nur noch drei Portionen verteilt werden.

Wichtig!

Nach den Mahlzeiten sollte der Leo grundsätzlich für etwa zwei Stunden ruhen dürfen. Zu viel Bewegung bei gut gefülltem Magen würde gerade bei so einer großen Hunderasse mit tiefem Brustkorb die Gefahr einer lebensbedrohlichen Magendrehung stark erhöhen.

Fütterung des erwachsenen Leonbergers

Ausgewachsene Leonberger sollten zweimal täglich gefüttert werden. Die Futtermenge richtet sich nach dem Idealgewicht des jeweiligen Hundes, das von Größe und Körperbau abhängt – ein „nur" 72 Zentimeter großer Leo kann durchaus 10 bis 20 Kilo leichter sein als ein 80 Zentimeter hoher Rassevertreter. Zudem muss die Aktivität beziehungsweise der Kalorienverbrauch durch Bewegung berücksichtigt werden. Das ist bei Hunden nicht anders als bei Menschen.

Der Ernährungszustand Ihres Leos ist dann ideal, wenn Sie die Rippen noch ertasten können, ohne festen Druck ausüben zu müssen. Von oben betrachtet sollte die Taille Ihres Leos sichtbar sein und der Bauchbereich sollte leicht angehoben wirken.

Wenn Sie sich nicht sicher sind, ob der Ernährungszustand Ihres Hundes stimmt, fragen Sie Ihren Tierarzt, Ihren Züchter oder einen erfahrenen Leobesitzer um Rat. Bedenken Sie bitte immer, dass Masse nicht unbedingt Klasse bedeutet!

Fütterung im Seniorenalter

Mit sieben bis acht Jahren hat Ihr Leo das Seniorenalter erreicht. Nun sollten Sie ihn wieder dreimal täglich füttern, um den Verdauungsapparat zu entlasten. Der Stoffwechsel ist bei älteren Leos nämlich um einiges langsamer und der gesamte Organismus zeigt erste Alterserscheinungen. Sie werden feststellen, dass Ihr Hund bis auf gelegentliche „alberne" Phasen ruhiger wird. Er benötigt daher eine seinem geringeren Energiebedarf angepasste, leicht verdauliche Ernährung. Füttern Sie am besten ein Seniorfutter. Hier ist der Phosphor- und Natriumgehalt niedriger, was die Nieren entlastet. Die Herztätigkeit wird durch L-Carnitin oder Taurin unterstützt.

Dicker Leo, armer Hund!

Die meisten Leonberger haben ein recht natürliches Fressverhalten und sie lassen daher oft Reste im Napf, wenn sie gesättigt sind. Es gibt jedoch gelegentlich Leos, die den ganzen Tag fressen könnten – und würden. Wenn das auf Ihren Hund zutrifft, müssen Sie besonders auf

Ältere Leos werden ruhiger und haben dadurch einen geringeren Energiebedarf.

seinen Ernährungszustand achten. Ein dicker, schwerfälliger Hund, der bei der geringsten Bewegung außer Atem gerät und dem durch seine Fettleibigkeit nicht nur Lebensqualität, sondern auch Lebenserwartung genommen wird, ist ein trauriger Anblick!

Übergewicht kann verschiedene gesundheitliche Probleme hervorrufen: Erkrankungen des Herz-Kreislauf-Systems, Organverfettung, besonders Verfettung der Leber, und Erkrankungen des überstrapazierten Skeletts, die sich häufig durch schmerzhafte Lahmheiten äußern, sind nur einige davon.

Achten Sie zum Wohl Ihres Leos auf genügend Bewegung und eine angepasste Ernährung!

Der macht aber sicher viel Arbeit?!

Das ist eine Bemerkung, die wohl jeder Leobesitzer des Öfteren hört. Selbstverständlich ist die Fellpflege bei einem so großen und relativ langhaarigen Hund mit etwas Aufwand verbunden, und es ist auch kein Geheimnis, dass Leonberger deutlich mehr Schmutz ins Haus schleppen als beispielsweise Kurzhaardackel. Dennoch hält sich die Arbeit in Grenzen, wenn man am Ball bleibt.

Fellpflege

Mindestens zwei- bis dreimal wöchentlich sollte das Fell Ihres Leonbergers durchgebürstet werden, damit sich insbesondere hinter den Ohren, in der Behosung (das lange Haar an den Hinterschenkeln), in der Befederung (das längere Haar an den Vorderläufen) und in dem vor allem bei Rüden ausgeprägten Kragen keine Verfilzungen bilden. Dazu eignet sich ein Striegel oder eine Zupfbürste. Verfilzt das Fell trotz aller Mühen an einer Stelle, können Sie es mithilfe eines speziellen Entfilzungskamms aus dem Fachhandel lösen oder die Verfilzung vorsichtig mit einer abgerundeten Schere herausschneiden.

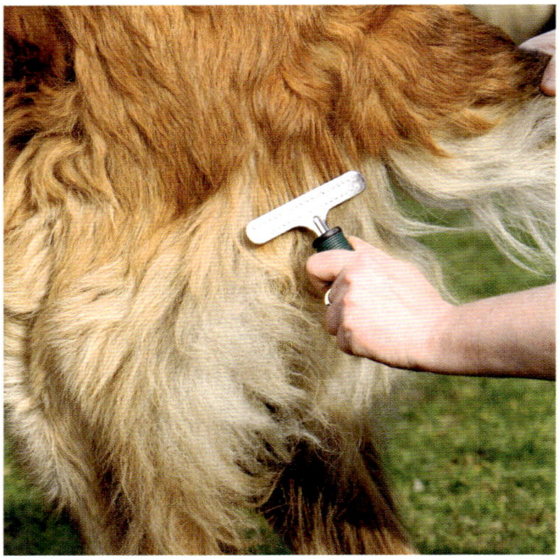

Die „Behosung" an den Hinterläufen bedarf bei der Fellpflege besonderer Aufmerksamkeit.

Während des Fellwechsels, der zweimal jährlich stattfindet, sollten Sie zudem die lose Unterwolle mit einem Unterwollstriegel entfernen. Gewöhnen Sie schon den Welpen an das regelmäßige Bürsten und gehen Sie immer behutsam vor. Keinesfalls sollte die Fellpflege eine schmerzhafte Erfahrung für Ihren Leo sein, sondern vielmehr ein angenehmes Ritual, bei dem der Hund all Ihre Aufmerksamkeit genießt und wofür er nach getaner „Arbeit“ sogar noch belohnt wird.

Ist ein Bad erforderlich, etwa weil sich Ihr Leo genüsslich in Wildlosung oder Ähnlichem gewälzt hat, benutzen Sie ein spezielles Hundeshampoo und lauwarmes Wasser. Schäumen Sie erst den gesamten Körper und zuletzt den Kopf ein. Achten Sie unbedingt darauf, dass dem Leo kein Shampoo in die Augen gerät, und spülen Sie den Kopf mit einem weichen Wasserstrahl als Erstes wieder ab.

Ohrenpflege

Die Ohren Ihres Leonbergers sollten regelmäßig kontrolliert und wenn nötig mit einem parfumfreien Feuchtreinigungstuch gesäubert werden (am besten Tücher für Babys verwenden). Sitzt die Verschmutzung tiefer, hilft eine milde Ohrreinigungslotion, die Sie bei Ihrem Tierarzt bekommen. Die Lotion wird in den Gehörgang geträufelt, dann wird das Ohr zugehalten und der Gehörgang sanft von außen massiert, um fest sitzenden Ohrenschmalz zu lösen. Anschließend wird der Hund den Kopf schütteln, wodurch er den Schmutz nach draußen befördert. Es empfiehlt sich also, die Ohrenreinigung im Freien vorzunehmen. Mit Wattestäbchen sollten Sie das Hundeohr keinesfalls säubern, die Verletzungsgefahr ist zu groß!

Der Leo akzeptiert die Ohrenkontrolle durch die Tierärztin problemlos.

Falls Ihr Hund sich häufig am Kopf kratzt, seinen Kopf schüttelt, seine Ohren auffällig dreckverkrustet sind oder wenn Sie gar einen übel riechenden Ausfluss bemerken, liegt wahrscheinlich eine Ohrentzündung vor, die vom Tierarzt behandelt werden muss.

Zahnpflege

Schon Welpen sollten lernen zu dulden, dass man ihnen in den Fang schaut. Dies ist sowohl bei tierärztlichen Untersuchungen zur Zahnkontrolle als auch bei der Zahnpflege notwendig. Bei Ihrem Leowelpen müssen Sie besonders darauf achten, dass er tatsächlich alle 28 Milchzähne verliert und keiner neben dem neuen Zahn stehen bleibt, wie es häufiger bei den Fangzähnen (Canini) vorkommt. In diesem Fall muss der Tierarzt den Zahn ziehen, weil sich sonst eine Zahnfehlstellung entwickeln kann. Der Zahnwechsel beginnt im Allgemeinen im vierten Lebensmonat und ist im

Alter von acht Monaten abgeschlossen. Das endgültige Gebiss weist nun 42 Zähne auf. Um es gesund zu erhalten, ist eine regelmäßige Kontrolle und Pflege sinnvoll. Bildet sich zu viel Zahnstein, kann dieser zu Entzündungen, Zahnverlust und Geschwüren führen und muss deshalb unter Narkose entfernt werden. Das können Sie verhindern, indem Sie regelmäßig Zahnbeläge mithilfe einer Zahnbürste und Hundezahnpasta entfernen. Harte Hundekuchen, Kaustangen sowie harte Knochen vom Rinder- oder Kalbsunterbein haben ebenfalls eine reinigende Wirkung.

Pfotenpflege

Die Krallen des Leos nutzen sich bei genügend Auslauf auf unterschiedlichen Untergründen normalerweise von selbst ab. Bewegt sich Ihr Leonberger jedoch überwiegend auf weichem Boden, ist das Kürzen der Krallen gelegentlich notwendig. Die Daumenkralle sollte in jedem Fall regelmäßig kontrolliert und gekürzt werden, denn sie hat keinen Kontakt zum Boden und nutzt sich deshalb nicht ab. In den Krallen verlaufen Blutgefäße, die beim Schneiden nicht verletzt werden dürfen. Das ist bei den schwarzen Krallen der Leonberger nicht ganz leicht, weil die Gefäße darin nicht zu sehen sind. Wer noch keine Erfahrung im Krallenschneiden hat, lässt sich das richtige Vorgehen deshalb am besten zunächst vom Tierarzt zeigen. Wer selbst Hand anlegt, sollte dies unbedingt mit einer guten Krallenschere aus dem Fachhandel tun.

Besonders im Winter, wenn Schnee liegt, sollten die Haare an den Pfoten zwischen den Zehen

Leonberger sind gesunde und agile Hunde.

und Ballen mit einer abgerundeten Schere kurz geschnitten werden. So können sich keine störenden Schnee- und Eisklumpen bilden. Ein weiterer Vorteil kurz geschnittener Pfotenbehaarung besteht das ganze Jahr über: Der Leo trägt deutlich weniger Schmutz ins Haus.

Wenn die Spaziergänge im Winter über mit Salz gestreute Wege führen, fetten Sie am besten vor dem Verlassen des Hauses die Pfotenballen ein, um sie zu schützen. Nach der Rückkehr waschen Sie die Pfoten mit lauwarmem Wasser ab.

Bei jeder Fellpflege sollten Sie die Zwischenräume der Pfotenballen auf eingetretene Fremdkörper wie Dornen, Steinchen oder Grannen kontrollieren.

Gesundheit

Leonberger sind grundsätzlich gesunde Hunde. Schon bei der Zucht wird darauf geachtet, Erbkrankheiten bei den Elterntieren auszuschließen. Tragen Sie durch regelmäßige Impfungen, Entwurmungen und Vorsorgeuntersuchungen zum Erhalt der Gesundheit Ihres Leos bei.

Impfungen, Wurmkur und Parasitenprophylaxe

Die jährlichen Impfungen vornehmen zu lassen, sollte für jeden Hundebesitzer selbstverständlich sein. Falls Sie mit Ihrem Leo ins Ausland reisen möchten, sind sie ohnehin unabdingbar. Eine Mehrfachimpfung schützt gleichzeitig vor verschiedenen für Hunde zum Teil lebensgefährlichen Infektionskrankheiten, nämlich Staupe, Hepatitis, Parvovirose, Tollwut und Leptospirose. Die Impfung schützt auch vor einigen Erregern des Zwingerhustens. Umfassenderen Schutz bietet hier jedoch eine zusätzliche nasale Impfung, die sinnvoll ist, wenn Ihr Leo viel Kontakt mit anderen Hunden hat, beispielsweise in der Hundeschule oder bei Ausstellungen. Zwar kann sich auch ein immunisierter Hund mit dem Zwingerhusten anstecken, die Krankheit verläuft dann aber nur in abgeschwächter Form. Eine Impfung gegen die von Zecken übertragene Borreliose ist zumindest in einigen Teilen Deutschlands anzuraten. Mancherorts trägt bereits jede dritte Zecke den Erreger in sich. Ihr Tierarzt wird Sie gern umfassend über den für Ihren Leonberger sinnvollen Impfschutz beraten.

Ebenso wichtig wie die Impfung ist die regelmäßige Entwurmung Ihres Leos. Ein starker Wurmbefall schadet nicht nur seinem Organismus; Würmer sind auch auf den Menschen übertragbar. Besonders Kleinkinder und ältere Menschen haben ein schwächeres Immunsystem, was eine Ansteckung wahrscheinlicher macht. Lebt der Leo mit Ihnen in einem Haushalt, sollte alle drei Monate eine Entwurmung durchgeführt werden. Andernfalls reicht in der Regel ein Behandlungsabstand von einem Jahr aus, am besten vor der Auffrischungsimpfung.

Vor Plagegeistern wie Flöhen und Zecken können Sie Ihren Leo durch eine regelmäßige Parasitenprophylaxe schützen. Damit beugen Sie gleichzeitig Krankheiten vor, die von diesen Parasiten übertragen werden können. Geeignete Spot-on-Präparate, die auf die Haut des Hundes geträufelt werden, oder Halsbänder bekommen Sie beim Tierarzt. Bei Auslandsreisen sollten Sie je nach Reiseziel besondere Vorkehrungen treffen. Im Mittelmeerraum müssen Sie Ihren Leo zum Beispiel auch vor den Stichen der Sandmücke schützen, die Leishmaniose übertragen kann. Ihr Tierarzt wird Sie beraten.

Ältere Leos mögen es gern etwas ruhiger. Wenn es ihnen ansonsten gut geht, ist das auch vollkommen in Ordnung.

Vorsorgeuntersuchungen im Junghund- und im Seniorenalter

Vorsorgeuntersuchungen sind besonders bei jungen Leonbergern im Wachstum und bei älteren Leos ab dem siebten Lebensjahr äußerst sinnvoll. Bei dem jungen Leonberger sollte man während des Hauptwachstums zweimal jährlich ein großes geriatrisches Blutbild erstellen lassen, um zu überprüfen, ob die Ernährung tatsächlich optimal für eine gesunde Entwicklung ist. Falls nicht, kann man rechtzeitig einschreiten. Eventuell ist die Fütterung eines Nahrungsergänzungsmittels notwendig, das Ihnen Ihr Tierarzt empfehlen wird.

Beim älteren Leonberger ist die Erstellung von Blutbildern in regelmäßigen Abständen ebenfalls zu empfehlen. So kann rechtzeitig reagiert werden, falls Werte von der Norm abweichen. Auch das Überprüfen der Herzfunktion ist sinnvoll, denn im Alter kann es zu einer Herzinsuffizienz (Herzschwäche) kommen, bei der das Herz nicht mehr in der Lage ist, ausreichend Blut in den Kreislauf zu pumpen. Die Hunde sind dann nicht mehr belastbar, leiden unter Müdigkeit oder sogar Atemnot. Mit entsprechenden Medikamenten lässt sich die Lebensqualität der betroffenen Tiere deutlich verbessern und die Lebenserwartung steigern.

Kastration

Bevor man sich für oder gegen eine Kastration entscheidet, gilt es, die Vor- und Nachteile sorgfältig gegeneinander abzuwägen: Eine Kastration wird unter Vollnarkose vorgenommen, was immer mit einem gewissen Risiko verbunden ist. Besonders bei Hündinnen handelt es sich um einen größeren Eingriff, bei dem die Eierstöcke und die Gebärmutter (diese manchmal nur teilweise) operativ entfernt werden. Wird eine Hündin früh kastriert, noch vor der ersten Läufigkeit, sinkt das Risiko, an Mammatumoren zu erkranken, auf 0,5 Prozent. Dem steht jedoch entgegen, dass mehr als 30 Prozent der Hündinnen mit einem Gewicht von über 20 Kilogramm nach der Kastration inkontinent werden. Zwar lässt sich dieses Problem mit Medikamenten gut behandeln, doch müssen diese zeitlebens verabreicht werden.

Bei Rüden erreicht man mit einer Kastration, dass testosteronabhängige Verhaltensweisen nur noch in abgeschwächter Form gezeigt werden oder ganz unterbleiben. Probleme wie Streunen, Jaulen oder Futterverweigerung wegen einer läufigen Hündin treten häufig gar nicht mehr auf, und auch Imponiergehabe und aggressives Konkurrenzverhalten gegenüber anderen Rüden reduziert sich meist deutlich. Eine Lösung für Verhaltensprobleme aufgrund mangelnder Erziehung ist eine Kastration jedoch sicher nicht!

Bedenken sollte man auch, dass es bei langhaarigen Hunden wie dem Leonberger zu einem übermäßigen Wachstum des Wollhaars kommen kann. Sie entwickeln ein stumpfes, plüschiges „Kastratenfell", das dem Welpenfell ähnelt. Zudem haben viele kastrierte Hunde einen deutlich gesteigerten Appetit. Damit sie eine gute Figur behalten, sind eine kontrollierte Fütterung und ausreichend Bewegung wichtig.

Erbkrankheiten

Wie bei vielen anderen Hunderassen können auch beim Leonberger vererbliche Erkrankungen auftreten. Um den Gesundheitsstatus der Rasse zu erhalten und zu verbessern, unterliegen im DCLH eingetragene Zuchttiere strengen Auflagen. Für eine Zuchtzulassung müssen sie zum Beispiel nachweislich frei von Hüftgelenkdysplasie (HD) sein. Auch werden Hunde mit sichtbaren vererblichen Erkrankungen wie Fehlstellungen des Lids (Entropium oder Ektropium), Lageanomalien der Hoden (Kryptorchismus), Zahnfehlern oder Fehlstellungen des Gebisses von der Zucht ausgeschlossen.

Der DCLH unterstützt zudem finanziell Projekte zur Erforschung von Erbkrankheiten in verschiedenen Universitäten der Welt. So konnten die Universitäten von Bern und Minnesota eine spezifische Sequenzveränderung in einem bestimmten Gen untersuchen, das die LPN1, eine frühe Form der Polyneuropathie, verursacht. Dabei handelt es sich um eine degenerative Erkrankung des peripheren Nervensystems. Sie betrifft vor allem die Nervenbahnen der Hinterhand, wo sie zu einer starken Einschränkung der Bewegungsfähigkeit führt. In vielen Fällen schädigt dieser neurologische Defekt auch die Kehlkopfnerven, was eine ein- oder beidseitige Stimmbandlähmung zur Folge haben kann. Dank der Forschungsarbeit ist mittlerweile ein direkter Gentest möglich, der sicher bald Pflicht für alle in der Zucht befindlichen Leonberger werden wird. Bereits jetzt wird jeder verantwortungsvolle Züchter seine Zuchttiere freiwillig testen lassen.

Vor dem ersten Mutterglück müssen bei der Hündin Erbkrankheiten ausgeschlossen werden.

Es gibt eine Reihe von Erkrankungen des Skeletts, die als vererblich gelten. Viele treten jedoch durch jahrelange verantwortungsvolle Selektion der Zuchttiere eher selten auf. Zudem sind diese Krankheiten nicht ausschließlich erblich bedingt. Gerade bei sehr großen und schweren Rassen wie dem Leonberger können Traumata, falsche Fütterung und unangemessene Bewegung während des Wachstums die Entstehung begünstigen. Zu den bekannten Erkrankungen, die auch bei Leos beobachtet werden, zählt die zuvor bereits genannte Hüftgelenkdysplasie (HD). Hierbei handelt es sich um eine Fehlbildung der Hüftgelenke, bei der Hüftgelenkpfanne und Oberschenkelkopf nicht optimal aufeinanderpassen. Je nach Ausprägung ist die Beweglichkeit des Gelenks mehr oder weniger stark eingeschränkt.

Auch die Ellbogengelenkdysplasie (ED) ist eine erbliche Skeletterkrankung. Diese Fehlentwicklung des Ellbogengelenks tritt bei vielen schnellwüchsigen, großen Rassen auf. Bei Leonbergern ist sie zum Glück relativ selten.

Osteochondrose (OCD) ist ein Überbegriff für degenerative Erkrankungen an unterschiedlichen Gelenken. Am häufigsten ist das Schultergelenk betroffen. OCD wird oft bereits im Alter von fünf bis acht Monaten diagnostiziert. Wichtig ist, dass Sie Ihren Leonberger genau beobachten und bei wiederholter Lahmheit unbedingt einen Tierarzt aufsuchen. Durch eine rechtzeitige Untersuchung und Diagnose können beim jungen Hund Folgeschäden vermieden werden.

Ein gesundes Skelett ist Voraussetzung für ungetrübte Spiel- und Bewegungsfreude bis ins hohe Alter.

Spondylose bezeichnet krankhafte Veränderungen (Verkalkungen) an der Wirbelsäule. Es bilden sich besonders vorn an den Wirbelkörpern knöcherne Zacken. Manche Hunde bleiben symptomfrei, andere wiederum zeigen Schmerzen beim Aufstehen oder Ablegen, besonders im fortgeschrittenen Alter. Oft ist dann auch eine Erschlaffung der Hinterhand festzustellen.

Jede Erkrankung des Skeletts und der Gelenke ist grundsätzlich nur durch Röntgen festzustellen. Daher sollten Sie Ihren Leonberger im Alter von 18 bis 24 Monaten röntgenologisch auf HD und ED untersuchen lassen, auch wenn er keine Anzeichen von Lahmheit zeigt. Werden krankhafte Veränderungen festgestellt, haben Sie rechtzeitig die Möglichkeit, durch eine entsprechende Behandlung und optimierte Haltung dazu beizutragen, dass der Hund trotz seiner Einschränkungen schmerzfrei ein möglichst langes Leben führen kann.

Das „schleichende Leovirus“

Es handelt sich hierbei um ein sonderbares „Virus“, das schon bei so manchem Menschen eine unheilbare „Krankheit“ – oder Sucht? – ausgelöst hat. Meist beginnt alles ganz harmlos beim Anblick eines Leonbergers. Für anfällige Menschen reichen die Schönheit und vor allem die Ausstrahlung dieser stolzen Riesen schon aus, um den Wunsch entstehen zu lassen, auch ein solches Tier zu besitzen. Sie sind infiziert.

Zu zweit ist's einfach schöner.

Hat sich das „Leovirus" einmal eingenistet, ist die Anschaffung eines Leonbergers nur noch eine Frage der Zeit. Und bereits kurz nach dem Einzug des Welpen wird man feststellen, dass das Virus nicht nur Entscheidungen, sondern auch die Wahrnehmung maßgeblich beeinflussen kann: Man empfindet all den Schmutz und die überall flächendeckend vorhandenen Hundehaare nämlich nicht mehr als Ärgernis, sondern man putzt alles ohne zu murren täglich weg, wohl wissend, dass man damit nur Platz für neuen Schmutz schafft. Das Virus scheint auch das Erinnerungsvermögen zu beeinträchtigen, denn sonst wäre man sich ja bewusst, wie sauber es vor dem Einzug des Leos einmal war.

Die Wahrnehmung ist bald schon so stark verändert, dass man sich sogar über den Anblick seines Leonbergers freut, der gerade fröhlich ein riesengroßes Loch in den bislang so mühevoll gepflegten Rasen buddelt. Aber schlimmer geht's immer! Durch den Anblick des beim Buddeln so unsagbar glücklich erscheinenden Leos wird das Virus erneut aktiviert. Und während man die Gartenerde aus dem Wohnbereich entfernt, die der gerade wieder ins Haus gekommene Hund mitgebracht hat, entwickelt man sonderbare Gedanken: Zwei Leonberger hätten beim Buddeln doch ganz sicher auch die doppelte Freude – und das Loch wäre doppelt so groß. Dann ließe sich sogar ein Badeteich für die Hunde daraus machen, in dem man den beiden zumindest die Erde wieder aus dem Pelz spülen könnte, bevor sie ins Wohnzimmer kommen …

Haltung mehrerer Leonberger

Ob es am „schleichenden Leovirus" liegt, ist natürlich nur Spekulation. Fakt ist aber, dass sich viele Leonbergerbesitzer den Wunsch nach einem zweiten Leo erfüllen. Wenn man unterwegs auf Leonberger trifft, treten sie oft im Doppelpack auf.

Wer die Anschaffung eines zweiten Leos in Betracht zieht, sollte aber Folgendes beachten: Der bereits im Haushalt lebende Leonberger muss unbedingt sozialverträglich sein und sich bereits zu benehmen wissen. Der jüngere Leo wird sich nämlich nach dem älteren richten und er würde auch die unerwünschten Verhaltensweisen des älteren Leos annehmen. Die Haltung von gleichgeschlechtlichen Leos ist in der Regel unkomplizierter als die Haltung eines Rüden und einer Hündin, außer eines der beiden Tiere ist ohnehin kastriert. Dass die Haltung zweier Leos mit doppelten Kosten und dem doppelten Pflegeaufwand verbunden ist, muss wohl kaum betont werden. Den doppelten Schmutz können Sie bei der Entscheidung eigentlich vernachlässigen, denn als Halter von nur einem Leonberger mussten Sie ja auch schon nahezu ständig putzen.

Die Vorteile der Haltung zweier Leonberger liegen auf der Hand: Die Hunde sind von ihrem Naturell her ähnlich und werden viel Freude miteinander haben. Wenn Sie Ihre Leos beim Spiel beobachten, wird Ihnen schnell klar werden, dass selbst der engagierteste Mensch den Sozialpartner Hund nie ganz ersetzen kann. Auch wenn Sie die Hunde einmal für einige Stunden allein lassen müssen, können Sie dies mit einem halb so schlechten Gewissen tun. Und schließlich wirkt das Schnarchen zweier zufrieden nebeneinanderliegender Leos fast doppelt so beruhigend.

Laufspiel unter Leonbergern – da kann kein Mensch mithalten.

Zuchtgedanken?

Die Aufzucht von Leowelpen ist eine zeitintensive und verantwortungsvolle Aufgabe, nicht nur für die Mutterhündin.

Der eine oder andere Leobesitzer wird früher oder später sicher einmal mit dem Gedanken spielen, dass der eigene Hund Nachwuchs bekommen soll. Dieser Wunsch ist nachvollziehbar und kann sogar Wirklichkeit werden. Allerdings sollten Sie zum Wohl des Hundes nur dann „zur Tat schreiten", wenn Ihr Leo wirklich alle Voraussetzungen zur Zucht erfüllt und Sie selbst sich genug Wissen über die Hundezucht angeeignet haben.

Wenn Sie mit Ihrer Hündin züchten wollen, können (und müssen) Sie als Mitglied des DCLH in einem Erstzüchterseminar theoretische Kenntnisse erwerben. Zudem sollten Sie die praktische Hilfe eines erfahrenen Züchters in Anspruch nehmen, der Sie und Ihre Hündin als „Zuchtpate" begleitet. Selbstverständlich ist auch guter Kontakt zu Ihrem Tierarzt wichtig, der im Notfall immer erreichbar sein sollte. Bedenken Sie auch, dass die verantwortungsvolle Aufzucht der Welpen viel Zeit in Anspruch nimmt – möglicherweise auch über die ersten acht Wochen hinaus, denn nicht immer findet man für jeden Welpen gleich den passenden Besitzer. Genügend Platz für die Welpen im Haus und im Garten ist ebenfalls eine wichtige Voraussetzung, und je nach Wohnsituation sollte man rechtzeitig mit den Nachbarn klären, ob ein gelegentlich lärmend tobendes Rudel Leowelpen als allzu störend empfunden würde. Dass Sie und alle anderen Familienmitglieder die Aufzucht der Kleinen und den damit verbundenen Aufwand als Freude und nicht als Belastung empfinden sollten, ist selbstverständlich. Sie müssen also sehr viel investieren, bekommen aber, wenn alles gut geht, noch mehr zurück: Sie erleben das Wunder der Geburt und das Heranwachsen der für Sie sicher schönsten Welpen der Welt – der Welpen Ihrer eigenen Hündin!

Als Rüdenbesitzer hat man es übrigens deutlich leichter. Nach bestandener Körprüfung des DCLH wird der Rüde in die Deckrüdenliste des Clubs aufgenommen. Interessierte Hündinnenbesitzer werden Kontakt zu Ihnen aufnehmen, und wenn auch Sie mit der gewünschten Verpaarung einverstanden sind und die Decktaxe besprochen ist, kommt die Hündin zum hoffentlich richtigen Zeitpunkt zu Besuch. Die beiden Hunde haben ihren Spaß, und nach einigen Wochen fährt man zum gestressten Züchter, um sich das Ergebnis der Liaison anzusehen – und stolz festzustellen, dass fast alle Welpen nach dem Vater kommen!

Anhang

Wichtige Adressen im Internet

Deutscher Club für Leonberger Hunde e. V.
www.leonberger-hunde.de

Schweizerischer Leonberger Club
www.leonberger.ch

Österreichischer Club für Leonberger Hunde
www.leonberger-oeclh.at

Internationale Union für Leonberger Hunde
www.leonbergerunion.com

Deutscher Rettungshundeverein e. V.
www.drv-rettungshunde.de
Hier finden Sie Informationen über die Ausbildung zum Wasserrettungshund.

Stichwortregister